WOLFGANG OBERRISSER

IMKEREIPRODUKTE

Stocker stv

Wolfgang Oberrisser

IMKEREI-PRODUKTE

Verarbeitung von Honig, Pollen, Wachs & Co

2. Auflage

Leopold Stocker Verlag
Graz – Stuttgart

Umschlaggestaltung: Thomas Hofer, Reproteam-Druck Gmbh, Graz
Umschlagfoto: Reproteam-Druck Gmbh, Graz
Fotos im Textteil: Wolfgang Oberrisser, Pinkafeld

Bibliografische Information Der Deutschen Bibliothek
Die Deutsche Bibliothek verzeichent diese Publikation in der Deutschen Nationalbibliografie; detaillierte bibliografische Daten sind im Internet über http://dnb.ddb.de abrufbar.

Hinweis:

Dieses Buch wurde auf chlorfrei gebleichtem Papier gedruckt.
Die zum Schutz vor Verschmutzung verwendete Einschweißfolie ist aus Polyethylen chlor- und schwefelfrei hergestellt. Diese umweltfreundliche Folie verhält sich grundwasserneutral, ist voll recyclingfähig und verbrennt in Müllverbrennungsanlagen völlig ungiftig.

ISBN 3-7020-0920-5

Printed in Austria
Layout: Klaudia Aschbacher, A-8101 Gratkorn
Gesamtherstellung: Druckerei Theiss GmbH, A-9431 St. Stefan

INHALT

VORWORT

Das Buch „Imkereiprodukte" soll Ihnen Aufschluß geben über die einfache Ernte und Verarbeitung von Bienenprodukten, überdies soll es Sie inspirieren und vielleicht eine Marktlücke entdecken lassen, z. B. die Erzeugung und Verarbeitung von Gelée Royale in anderen Bienen- und kosmetischen Produkten. Es ist für Hobbyimker, Erwerbsimker und auch für den Laien geschrieben, der dieses Buch zu Rate ziehen kann, wenn er vielleicht die eine oder andere Rezeptur nachahmen will. In der heutigen Zeit bleibt man auf der Strecke, wenn man nur Honig gewinnt und verkauft und da vielleicht nur eine Sorte. Vor allem, wenn man davon leben muß, sollte man sich mit den einzelnen Bienenprodukten intensivst auseinandersetzen, sich ausreichend über deren Entstehung informieren, sich in die Produkte hineinleben, nur dann kann man gute Imkereiprodukte erzielen. Es muß einfach alles zusammenpassen – die Reife des Grundproduktes sowie die des zu Verarbeitenden oder Erzeugenden durch seine praktische Erfahrung und Schulung.

Honig ist das erste Produkt, das in diesem Buch beschrieben wird. Nach wie vor ist er zumeist die Haupteinkunft eines Imkers. Es werden die herkömmlichen Arten der Honiggewinnung beschrieben bis hin zum rationellen Ernten, genauso gilt das für die Honigschleuderung. Seit einigen Jahren beschäftige ich mich mit der Erzeugung von Fruchthonigen, wobei man sehr viel Erfahrung gewinnen muß, um verkehrsfähige Verkaufsprodukte erzeugen zu können. Propolis ist im letzten Jahrzehnt für viele Imker ein wichtiges Verkaufsprodukt geworden. Früher hat man es dummerweise weggeworfen, da man ja zumeist aus Unwissenheit handelte und vielleicht auch der Markt nicht dafür vorhanden war. In dieser Lektüre finden Sie fast alles, was Sie über die Ernte und Verarbeitung von Propolis wissen sollten. Vor allem die Entwicklung einer eigen kreierten Propoliscreme könnte für Sie ein Ziel und sehr interessant sein. Blütenpollen gehört zu den heikleren Produkten, der leicht verderblich ist, wenn er falsch behandelt wird. Da die Ernte sehr viel Zeit in Anspruch nimmt, lassen es viele Imker von Haus aus bleiben, Pollen zu sammeln. Wenn Sie diesen aber einmal gesammelt haben, werden Sie es immer tun, das ist wie beim Bienenzüchten selbst. In diesem Buch wird beschrieben, wie man Pollen sauber und ohne viel Mühe ernten kann. Auch Gelée Royale wäre ein interessantes Produkt, nur fehlt meist für diese Produktion die Zeit. Man muß die Königinnenzucht beherrschen, um Gelée Royale erzeugen zu können. Es werden in diesem Buch einige Zuchtmethoden kurz erläutert, damit Sie gleich einen näheren Einblick in die Arbeit haben, wie Sie zum Endprodukt gelangen. Auch das Bienenwachs wird umfassend beschrieben, das Schmelzen von Wachs, die Erzeugung von Mittelwänden bis hin zur Kerzenproduktion und Verarbeitung in Cremes. Anschließend folgt ein Kapitel über Naturkosmetik mit Bienenprodukten für den Hausgebrauch, wodurch Sie unzählige Produkte selbst ausprobieren können. Bei kosmetischen Produkten sei Vorsicht geboten, da er immer wieder zu Hautreaktionen bzw. Allergien kommen kann. Met ist das älteste alkoholische Getränk und gewinnt in jüngster Zeit immer mehr an Bedeutung, da er von vielen Imkern wirklich professionell erzeugt wird. Honigessig wäre eine weitere Marktnische, mit der sich aber die wenigsten Imker auseinandersetzen, da es für den herkömmlichen Imker sehr schwierig ist, verkaufsfähigen Honigessig zu erzeugen. Für den Hausgebrauch eignen sich die Rezepturen, die in diesem Buch beschrieben werden, allemal. Den Abschluß der Produkte bilden dann die Liköre mit Bienenhonig, wobei es natürlich auch eine eigene Wissenschaft sein kann, diese zu erzeugen. Zu guter Letzt wird auch noch näher auf die Heilkraft der Imkereiprodukte eingegangen.

Dieses Buch soll ein Anstoß dafür sein, neue Imkereiprodukte zu erzeugen und die Scheu davor zu nehmen. Ich hoffe, daß ich Ihnen meine Erfahrung auf dem Gebiet der Imkerei näherbringen kann, und wünsche Ihnen viel Erfolg.

Sommer 2001 *Wolfgang Oberrisser*

BIENENHONIG

Die Geschichte des Bienenhonigs

Bienen leben schon seit ungefähr 40 Millionen Jahren auf dieser Erde. An der Küste Jütlands und Samlands fand man Vorformen der heutigen Honigbiene in Bernstein, die auf ein Alter von 30–35 Millionen Jahre geschätzt werden. Schon in der Steinzeit war der Bienenhonig für den Menschen von großer Bedeutung. Er diente damals bereits als Nahrungsmittel. Eine Felsmalerei in der Nähe von Valencia, die man auf 12.000 Jahre schätzt, gibt Aufschluß über die damalige Honigjagd. Die Malerei zeigt eine Frau, die in einer Felswand – an einem Seil hängend – Honig sammelt. Dem Urmenschen stellten sich zwei große Probleme: das eine war der Bär, mit dem er beim Sammeln rechnen mußte, das andere waren die Bienen, zumal das Honigsammeln durch die einst spärliche Bekleidung sicherlich kein „Honiglecken" bedeutete. Aber das süße Gold war damals so begehrt, daß die Honigjäger die schmerzhaften Bienenstiche in Kauf nahmen. Da die Waffen des Urmenschen noch nicht so weit entwickelt waren und die Jagd nicht immer erfolgreich verlief, aßen die Menschen wahrscheinlich neben dem Pollen auch die Brut, also das ganze Wabenmaterial, als hochwertige Eiweißnahrung mit.

Auch bei den ältesten Kulturvölkern fanden Archäologen Zeugnisse darüber, daß Honig zu Kultzwecken und als Arzneimittel verwendet wurde. So schätzten bereits lange vor unserer Zeitrechnung die Ägypter, Babylonier, Hethiter, Sumerer und Chinesen die Heilwerte des Bienenhonigs. Bei den alten Ägyptern besaß die Biene einen so hohen Stellenwert, daß sie zu einem Symbolbild für den Pharao wurde. Auch der Handel mit Honig und der teilweise Import aus dem Ausland sind hier bereits nachweisbar. Damals wurden Bienen hauptsächlich in Tonröhren gehalten. Anhand einer Zeichnung, auf der man einen Imker bei der Arbeit sieht, der gerade Honig mit Wasser vermischt, fand man heraus, daß vielleicht damals bereits Met erzeugt wurde. Honig wurde auch als Grabbeigabe in Pharaonengräbern gefunden. Aufzeichnungen geben ebenso Aufschluß, daß Honig zur Wundbehandlung, als Salbe gegen Augenleiden, gegen Magenverstimmung, als harntreibendes und stärkendes Mittel verwendet wurde. Die berühmte Königin Hatschepsut (1490–1468 v. Chr.) führte das Bildzeichen der Honigbiene sogar im Wappen. Unter Ramses II. wurde hohen Beamten sogar ein Teil ihres Lohns in Form von Honig ausbezahlt.

Bei den Sumerern fand man eine Tontafel, die Rezepturen mit Honig aufzeigte. Babylonier opferten ihren Gottheiten Honigbrei und stellten Arzneien mit Honig her. Die Hethiter betrieben Bienenzucht, die bereits behördlich reglementiert war. Der griechische Arzt Hippokrates (460–375 v. Chr.) verordnete Honig zur innerlichen und äußerlichen Anwendung, bei Fieber, zur Entwässerung und Entgiftung, zur Wundbehandlung, als Diät- und Kosmetikmittel, und seine Schüler, die Hippokratiker, kannten über 300 Rezepte, die mit Honig hergestellt wurden. Unter dem römischen Schriftsteller Plinius d. Ä. (23–79 n. Chr.) erlebte die Imkerei einen Höhepunkt, die Bienenvölker wurden von eigenen Sklaven betreut. Nach der Zeitenwende hatte

Honig auch im Christentum Bedeutung. Jesus aß eine Honigwabe vor den Augen seiner Jünger, um sie davon zu überzeugen, daß er auferstanden sei. Bis ins 6. Jahrhundert erhielten Täuflinge Milch und Honig, ein Brauch, der teilweise bis heute erhalten blieb. Vom Met heißt es, daß er ein Germanentrunk sei. Wahrscheinlich haben diese aber ihr Wissen über den Honig und auch die Meterzeugung von den Römern übernommen.

Die Germanen hielten ihre Bienen in Körben (Zeidlerei) und begannen mit der richtigen Hausbienenzucht. Die Zeidler bildeten eine Art eigenen Berufsstand, wer Honig aus ihren Völkern nahm, bezahlte sogar mit seinem Leben. Um 1000 n. Chr. entstand in Nürnberg eine regelrechte Lebkuchenindustrie, die weltbekannt wurde und bis heute erhalten blieb.

Was ist Honig?

Honig ist ein Produkt aus Nektar, Honigtau oder aus beiden gemischt, vermengt mit körpereigenen Stoffen der Bienen, das nach Entzug von Wasser und dem Umtragen in ihren Waben entsteht.

Farbe und Konsistenz hängen von der jeweiligen Pflanzenart und der Reife des Honigs ab. Ob der Honig schnell oder langsam kristallisiert, bestimmen die zwei Hauptzuckerarten im Honig, nämlich Frucht- und Traubenzucker. Überwiegt der Traubenzuckeranteil, wie z. B. im Rapshonig, wird der Honig rasch fest. Überwiegt der Fruchtzuckeranteil, wie beim Akazienhonig, kann der Honig bis zu einem Jahr lang flüssig bleiben.

Was ist Nektar?

Es handelt sich hier um pflanzlichen Drüsensaft, welchen die Bienen durch ihren Süßstoff anlocken. Auch durch die duftenden Blüten werden die Bienen eingeladen und beim Nektarsammeln ihr Haarkleid mit Pollen angereichert, wobei es beim nächsten Blütenbesuch zur Bestäubung kommt.

Die Nektarabsonderung hängt von der Pflanzenart, den Bodenverhältnissen, vom Grundwasserspiegel, von den klimatischen Verhältnissen und der Tageszeit ab. Zur besten Nektarabsonderung kommt es bei einer hohen Temperatur und Luftfeuchtigkeit.

Was ist Honigtau?

Honigtau entsteht durch die Absonderung eines süßen Pflanzensaftes von Blattläusen, Rindenläusen, Schildläusen und Blattflöhen, die in einer Symbiose mit dem Baum leben. Die Tiere entziehen ihm den sogenannten Siebröhrchensaft, entnehmen die für sie wichtigen Aminosäuren und geben überschüssige Bestandteile, hauptsächlich Kohlenhydrate, ab.

Die bedeutendsten Bäume, auf denen man Honigtauspender findet, sind Fichten, Tannen, Lärchen, Föhren, Ahorn, Eichen und Linden.

Große Honigtauabsonderungen finden in den Monaten Juni, Juli und August statt.

Die Honigbildung

- Aufnahme von Nektar oder Honigtau durch die Biene
- Chemische Veränderung – Fermente (Invertase oder Saccharose) werden beigegeben und spalten Rohrzucker in Frucht- und Traubenzucker auf
- Weitergabe an die Stockbienen – nochmalige Fermentierung
- Einlagerung in die Zellen
- Der Honig wird bis zu 10 Mal umgetragen – es kommen noch Fermente wie Diastase, Phosphatase, Oxidase und keimhemmende Inhibine hinzu.
- Der Wassergehalt wird auf 14–18 % heruntergesetzt
- Verdeckelung der Honigzellen
- Der Honig ist schleuderbar

Physikalische Eigenschaften

Wassergehalt: Blütenhonige können einen Wassergehalt von 14–21 % aufweisen, Waldhonige liegen bei 14–18 %
Elektrische Leitfähigkeit: Blütenhonig von 100–500µs/cm, Waldhonig ab 800µs/cm, von 500–800µs / cm Blüten- mit Waldhonig

Chemische Zusammensetzung

Wasser 14–18 %, Fruchtzucker (Fructose) ca. 38 %, Traubenzucker (Glucose) ca. 32 %, Malzzucker (Maltose) ca. 7 %, Rohrzucker (Saccharose) ca. 1–2 %, Mehrfachzucker ca. 1–2 %, Mineralstoffe und Spurenelemente ca. 0,2 %, Säuren 0,3 %, Aromastoffe, Vitamine (je nach Pollenanteil), Aminosäuren, Inhibine, Hormone

Die Honiggewinnung

In der heutigen Zeit wird es immer wichtiger, sich auf Standimkereien zu beschränken, bei denen die äußerlichen Gegebenheiten, wie genügend Nährstoffversorgung in den Übergangsmonaten und trockene Überwinterung, passen. Ist obendrein noch eine ganzjährige Tracht vorhanden, so erspart man sich die mühsamen Wanderungen, die sehr zeitaufwendig und strapaziös sind. In den letzten Jahren hat der vermehrte Genuß von Alternativkulturen, wie z.B. Raps und Sonnenblume, für ein überreiches Angebot an Blütentracht gesorgt. An günstigen Standorten kann man Erträge bis zu 70 kg im Durchschnitt erzielen.

Wann ist der richtige Schleuderzeitpunkt?

In erster Linie wartet man zu, bis die Tracht zu Ende ist. Fünf Tage danach, wenn es die nächste Tracht erlaubt, beginnt man mit dem Abräumen. Es werden Honigwaben herausgenommen, welche schon zu zwei Dritteln verdeckelt sind. In diesem Fall hat man die Gewähr, daß der Wassergehalt schon entsprechend gesenkt wurde. Hält der im nicht verdeckelten Bereich vorhandene Honig der Spritzprobe (kein Honig darf aus der kräftig nach unten gestoßenen Wabe spritzen) stand, ist der richtige Zeitpunkt gekommen, die Waben zu schleudern.

Abräumen mit dem Abkehrbesen oder der Gänsefeder

Die nach wie vor verbreitetste und billigste Art, Waben bienenfrei zu bekommen, ist das Abkehren mit einem Besen oder einer Feder. Dabei geht man folgendermaßen vor: Zuerst lehnt man am Flugloch einen Aufstieg an, damit die Bienen in den jeweiligen Stock laufen können. Dann öffnet man den Honigraum, gibt einige Rauchstöße, nimmt die Waben einzeln heraus und schüttelt die Bienen über den Stock hinweg vors Flugloch. Die noch anhaftenden Bienen kehrt man mit dem Besen ab. Zwar fallen die Bienen teilweise ins Gras, sie können jedoch ohne Probleme in das Volk zurückkrabbeln. Zieht schlechtes Wetter auf bzw. ist die Tagestemperatur zu niedrig, sollte man diese Arbeit beenden bzw. erst gar nicht damit beginnen. Wer nach dieser Methode vorgeht, wird kaum Stiche abbekommen, da man die Bienen vors Flugloch anstatt ins Volk schüttelt; so entsteht im Bienenvolk weniger Unruhe.

Abräumen mit Bienenfluchten

Eine weitverbreitete Methode ist die Verwendung von Bienenfluchten (Gänge aus Kunststoff). Hier wird einfach zwischen Brutraum und Honigraum ein Zwischendeckel mit der jeweiligen Bienenflucht eingelegt. Diese bewirkt, daß die Bienen die Brut und die Königin suchen und dabei vom Honigraum durch strahlenförmige Gänge in den Brutraum schlüpfen müssen. Die Bienen haben danach nicht mehr die Möglichkeit, in den Honigraum zurückzugelangen. Es dauert ungefähr einen Tag, bis die Honigräume bienenleer sind. Sollte sich die Brut oder gar die Königin versehentlich im Honigraum befinden, so werden die Bienen nicht abziehen. Ein Nachteil dieser Methode besteht darin, daß der Honig im Honigraum ohne Bienen natürlich kalt wird und vor dem Schleudern in einen warmen Raum gestellt werden sollte, damit er sich anschließend besser aus den Waben löst. Wenn man obendrein noch eine weite Fahrtstrecke zu den Völkern zurücklegen muß, ist von diesem Verfahren eher abzuraten, da man den Bienenstand hierfür zweimal aufsuchen muß.

Abräumen mit einer Abkehrmaschine

Eine der moderneren Methoden, die Bienen von den Waben zu entfernen, ist die Verwendung einer akkubetriebenen Abkehrmaschine. Dieses Gerät ist konisch und mit zwei weichen Bürsten versehen. Durch diese wird die Honigwabe durchgezogen, und die Bienen werden zugleich in einen Behälter abgebürstet. Danach leert man die Bienen gleich wieder in den Stock oder verwendet sie zur Kunstschwarmbildung und gelangt so auf rationelle Weise gleich zu Jungvölkern für das kommende Jahr.

Abräumen mit dem „Bee blower"

Diese Art, Honigwaben zu ernten, stammt aus Amerika. Ab einer Betriebsgröße von fünfzig Völkern ist es rentabel, sich so ein Blasgerät anzuschaffen. Seit vier Jahren räumen wir unsere Völker ausschließlich mit dem „Bee Blower" ab. Honigräume von 25 Völkern können so in einer halben Stunde bienenleer gemacht werden. Voraussetzung für diese Arbeit ist allerdings schönes, zumindest warmes Wetter. Man nimmt hierzu die Honigräume zargenweise ab und stellt sie auf das jeweilige Nachbarvolk. Nun werden die Bienen von den Waben ausgeblasen. Sie werden von den Waben hinausgeschleudert, fangen sich in der Luft und fliegen wieder zum Volk zurück. Da im Honigraum so gut wie keine Jungbienen sitzen, kommen auch kaum welche zu Schaden. Je geringer die Rähmchenhöhe, desto besser ist der Erfolg beim Ausblasen.

Schleuderung

Hygienische Anforderungen

Die Räume, in denen geschleudert wird, sollten den HACCP (Hazard critical control points)-Anforderungen entsprechen. Man sollte wirklich darauf achten, daß zumindest der Boden verfliest ist, auch die Wände sollten bis auf Türstockhöhe versiegelt sein. Vor und nach jeder Tätigkeit ist auf eine peinlichst genaue Reinigung und Kontrolle zu achten. Bei der Produktion und Verarbeitung verwende ich stets eine dementsprechende Hygienebekleidung. Im Schleuderraum müssen ein Waschbecken, ein Seifenspender und saugende Papierwegwerftücher vorhanden sein, um zu vermeiden, daß sich Keime entwickeln können.

Maschinen und Geräte, die der Produktion und Verarbeitung von Bienenprodukten dienen, sollten aus lebensmittelechtem Material oder aus Edelstahl sein.

Um den Rücken zu schonen, ist es empfehlenswert, für den Transport der Honigzargen eine Sackrodel zu verwenden. Die Honigwaben werden stockwarm in den Schleuderraum transportiert, denn die vorhandene Wärme muß man unbedingt ausnützen, um eine rasche und ergiebige Schleuderung ohne Wabenbruch zu erzielen. Im Schleuderraum werden nun die Honigzargen zusammengestellt und mit Zwischenböden abgedeckt. Jetzt kann mit dem Entdeckeln der Waben begonnen werden.

Die altbewährte Entdeckelungsgabel

Diese Gabel findet noch immer Verwendung, vor allem in Hobbybetrieben.

Hier werden die Honigwaben auf eine Vorrichtung gestellt, und die Wabe wird von unten nach oben entdeckelt. Auch bei der maschinellen Entdeckelung der Waben kommt es immer wieder vor, daß einzelne Teile verdeckelt bleiben und die Entdeckelungsgabel benötigt wird.

Entdeckelungsmesser

Jene Imker, die sich auf Dickwaben spezialisiert haben, bei denen die Honigzellen weit über die Rähmchenleisten ragen, verwenden häufig Entdeckelungsmesser. Geübte Imker verwenden einfache Sägemesser zum Entdeckeln ihrer Waben, andere elektrisch beheizte Messer.

Entdeckelungsmaschinen

Ab einer bestimmten Völkerzahl ist es sicher sinnvoll, eine Entdeckelungsmaschine in Betrieb zu nehmen, wobei verschiedene Maschinenarten zur Auswahl stehen. Eine der billigeren Varianten wäre ein beheiztes Vibrationsmesser, wobei man die Wabe, von unten nach oben aufgestellt, über das Messer gleiten läßt.

Entdeckelungswanne

Diese Wanne dient zum Auffangen des Entdeckelungswachses. Nach Beendigung der Schleuderung verteilt man das Wachs gleichmäßig in der Wanne, damit der Großteil des Honigs abfließen kann. Mit Honig angereichertes Entdeckelungswachs eignet sich sehr gut zur Produktion von Met und Honigessig. Um die Verbreitung von Brutkrankheiten zu vermeiden, sollte der Entdeckelungswachshonig auf keinen Fall an die Bienen verfüttert werden.

Für größere Betriebe bieten sich Wachszentrifugen an, welche wie eine Wäscheschleuder funktionieren.

Honigschleudern

Die Schleudermaschine sollte an die jeweilige Betriebsgröße angepaßt werden. Die herkömmlichsten Schleuderarten sind die Tangentialschleudern und die Radialschleudern.

Bei den Tangentialschleudern gibt es von Hand betriebene Maschinen bis hin zu vollautomatischen Selbstwendeschleudern. Dabei wird immer nur eine Wabenhälfte ausgeschleudert.

> Je größer der Durchmesser der Schleuder ist, desto mehr Fliehkraft und Honigausbeute gibt es.

In Radialschleudern werden die Waben sternförmig angeordnet. Da man bei dieser Art von Schleuder sehr viele Rähmchen unterbringt, kann die Arbeit sehr rationell abgewickelt werden. Mittels Radialschleuder können auch Waben geschleudert werden, in denen der Honig zum Teil kristallisiert ist (Melizitosehonig), ohne daß es zu einem Wabenbruch kommt.

Honig klären und sieben

Der Honig läuft die Schleuderwand hinunter und bei den Quetschhähnen hinaus in das Klärbecken. Dieses ist aus Edelstahl, hat einen Wassermantel und beinhaltet ein Grobsieb, durch das der Honig vorerst durchfließt. Dann durchwandert er verschieden hohe Schiede. Zum Schluß fließt der Honig durch ein feines Sieb und wird in einen Siebtank umgepumpt. Dort wird er nochmals durch zwei feine Gazesiebe durchgeschickt. Es befindet sich auch hier eine Heizspirale vor den Sieben, damit der kristalline Honig verflüssigt wird. Nach Erreichen der Ableitungshöhe des Gefäßes fließt der Honig durch Rohre weiter in die jeweiligen Klärtanks.

Die meisten Honige kann man zwei Tage oder länger im Gefäß belassen. Nur mancher Blütenhonig bereitet Probleme und wird schon nach kürzester Zeit fest (Raps). Ist dies der Fall, muß mit dem Tauchwärmer nachgeholfen werden.

Nach zwei Tagen hat sich der Honig fein geklärt, und man schöpft oder entfernt mit einer Teigspachtel den Schaum, der an die Oberfläche gestiegen ist. Danach füllt man den Honig in die jeweiligen Lagergefäße ab. Nach wie vor eignen sich hierfür besonders gut lebensmittelechte Kunststoffkannen, besser wären natürlich Edelstahlgebinde, die preislich jedoch weit darüber liegen. Jede Kanne muß mit dem Schleuderdatum und der Chargennummer „L", die man in eine Lagerliste einträgt, versehen werden. Danach lagert man die Honigkannen sortengerecht an einem kühlen, trockenen Ort.

Bereitung von Cremehonig

Manche Honigsorten neigen aufgrund ihres hohen Traubenzuckeranteils dazu, innerhalb weniger Tage zu kristallisieren. Um den Kunden zufriedenzustellen, muß ein schnell kristallisierender Honig cremig gemacht werden. Diese Konsistenz bleibt dem Honig erhalten, außer er wird zu warm gelagert. Der zweite Grund, Honig cremig zu

Die Entdeckelungsmaschine

Dieses Wabenkarussell faßt 42 Waben

rühren, ist, ihn vor Hitzeschäden zu schützen, da man ihn jedesmal erwärmen muß, wenn er fest wird und er bei der Wärmebehandlung an wichtigen Inhaltsstoffen einbüßt. Cremehonig wird in erster Linie aus Blütenhonigen von Raps und Sonnenblume bereitet.

Für Hobby-Imker genügt ein Dreiecksstab, womit der Honig zweimal am Tag fünf Minuten lang durchgerührt wird. Imker, die mehr als 100 kg Cremehonig im Jahr erzeugen, verwenden zumindest eine Bohrmaschine, die mit einem Spiralstab ausgestattet ist. Zu den besten Geräten zählt aber sicherlich ein Rührgerät.

Das Cremehonigrührgerät

Der Honig wird nach dem Schleudern in das Rührgerät gegeben und innerhalb von 24 Stunden fünf Mal gerührt. Dies wird durch eine Zeitschaltuhr geregelt. Am Rührstab sind Flacheisen mit einer besonderen Biegung angebracht, wodurch der Honig von unten nach oben gerührt wird. Wichtig ist ebenso, daß der Rührstab immer vollkommen unter dem Honig verschwindet. Dadurch werden eine Lufteinmischung und eine Schaumbildung verhindert.

Das Rühren

Voraussetzung für eine rasche Cremehonigbereitung ist die richtige Temperatur, die nicht über 15 °C steigen sollte. Weiters ist es wichtig, daß der Honig vollkommen flüssig ist, bevor er gerührt wird.

Der Honig wird während der Kristallisation gerührt, wobei sich die Kristalle gegenseitig zerreiben. Raps- und Obstblütenhonig sind zumeist schon in fünf Tagen fertig, Sonnenblumenhonig dagegen braucht 10 Tage. Um die Kristallisation zu beschleuni-

Mit einem Cremehonigrührgerät hat man die Gewähr, daß der Honig richtig gerührt wird und die erforderliche Konsistenz erlangt.

gen, versetzt man den Honig mit sogenanntem Impfhonig, der nichts anderes als ein fertiger Cremehonig ist. Man kann auch flüssigen Rapshonig verwenden, der den Vorgang beschleunigt. Auf 100 kg Honig gibt man ungefähr 3–4 kg Impfhonig. Diesen rührt man in den flüssigen Honig ein, bis er sich gleichmäßig verteilt und den flüssigen Honig eintrübt.

Honig kann nach zweitägigem Rühren noch kein Cremehonig sein!

Die richtige Zeit zum Abfüllen

Hat der Cremehonig eine perlmuttartige Farbe sowie eine derart dicke Konsistenz erreicht, daß man ihn gerade noch in Gläser füllen kann, ist der richtige Zeitpunkt zum Abfüllen gekommen.

Vorteile von Cremehonig

Der Honig wird höchstens einmal aufgetaut, unterliegt daher kaum einer Wärmebehandlung. Schnell kristallisierender Honig wird ansonsten bis zu fünf Mal erwärmt, wodurch wertvolle Inhaltsstoffe verlorengehen.

Cremehonig hat sich vor allem bei Kindern bestens bewährt, da er auf Grund seiner Konsistenz nicht vom Brot rinnt.

Anfangs war es schwierig, Cremehonig richtig zu vermarkten – vielleicht deshalb, weil viele Konsumenten dachten, das Produkt beinhalte auch chemische Stoffe. Richtige Aufklärung und Verkostungen von Cremehonig führten jedoch dazu, daß es mittlerweile zahlreiche Kunden gibt, die ausschließlich zum Cremehonig greifen.

Wichtig: Cremehonig nicht zu warm lagern, da er sonst eine flüssige Schicht an der Oberfläche bekommt, die sauer wird.

„Auftauen" (Verflüssigen) von Bienenhonig

Dabei ist es wesentlich, darauf zu achten, daß der Honig bei der Erwärmung so wenig Schaden wie möglich erleidet und auf gar keinen Fall Schmutz in die Kannen gelangt.

Die Temperatur

Die richtige Auftautemperatur für den jeweiligen Honig herauszufinden, ist relativ schwierig. Alle Honige, die rasch kristallisieren, benötigen eine höhere Temperatur.

Rapshonig braucht eine Temperatur von 48 °C und eine Einwirkungszeit von 15 Stunden, um ihn komplett zu verflüssigen. Mit 45 °C gelingt es kaum, Raps- und Sonnenblumenhonig restlos zu verflüssigen. Bei Melizitosehonig würde man eine Temperatur von 80 °C benötigen, um den abgesetzten Melizitosesatz in der Kanne zu lösen. Daher verflüssigt man den oberen Honig in der Kanne mit 45 °C und leert ihn dann bis zum Bodensatz aus. Den übriggebliebenen Melizitosehonig veredelt man zu Met oder Essig oder rührt ihn in Liköre ein.
Ich taue Raps-, Frühjahrsblüten- und Sonnenblumenhonig grundsätzlich mit 48 °C auf, wobei die Wärme für 15 Stunden auf den jeweiligen Honig einwirkt. Wald-, Edelkastanien- und Lindenblütenhonig erwärme ich auf 45 °C.

Je kleiner die Auftaumenge, um so mehr Inhaltsstoffe gehen verloren!

Der Wärmeschrank

In einem Wärmeschrank stellt sich das Problem, daß die 45 °C, die meist nur erreicht werden können, für das Verflüssigen diverser Blütenhonige einfach zu wenig sind. Werden damit 48 °C erreicht, gibt es keine Auftauschwierigkeiten. Zum Verflüssigen von festgewordenen Honigen im Glas hat sich der Schrank aber bestens bewährt.

Das Wasserbad

Im Wasserbad kann der Honig relativ rasch und schonend verflüssigt werden. Unser Auftaugerät besteht einfach aus einer 200-l-Edelstahltonne, die so weit mit Wasser gefüllt wird, das die Honigkanne nicht untergeht. Am Boden des Behälters befindet sich ein Gitterrost, auf dem die Kanne steht, und darunter eine Heizspirale, die das Wasser erwärmt. Man muß achtgeben, daß die Kannen gut verschlossen sind, denn der Honig ist hygroskopisch und zieht Wasser an. Nach ungefähr 12 Stunden ist der Honig offen und kann, nachdem er auf Zimmertemperatur abgekühlt ist, abgefüllt werden.

Der Tauchwärmer

Bei dieser Methode stellt man den Tauchwärmer direkt auf den Honig. Schichte für Schichte wird der Honig flüssig, und der Tauchwärmer sinkt durch sein Gewicht zu Boden. Wichtig ist, daß die Kanne über dem Tauchwärmer ordentlich verschlossen ist, da es sonst zu Verunreinigungen kommen kann. Um dies zu verhindern, schneidet man einfach einen Kunststoffkannendeckel bis zur Mitte ein und macht in der Mitte ein Loch, so daß der Stab des Tauchwärmers Platz hat.

Abfüllung für klein und groß

Voraussetzungen

- Saubere Arbeitsflächen, reine Gläser, Hygienebekleidung
- Geeichte Waage
- Abfülltopf oder Abfüllmaschine
- Etiketten

Der gute alte Abfülltopf

Zum Abfüllen von Bienenhonig wird von den meisten Imkern noch immer der Abfülltopf verwendet. Es gibt den Topf in verschiedenen Einheiten, von 20–100 kg, wobei ein 40-kg-Abfülltopf am sinnvollsten ist, da hier der Honig von einer Kanne Platz findet. Es kommt natürlich auf die Betriebsweise und -größe an.

Die pneumatische Abfüllmaschine füllt das Glas in Sekundenschnelle

Abfüllmaschinen

Zum Befüllen der Gläser gibt es heute bereits Abfüllmaschinen, mit denen die Abfüllung sehr rationell durchgeführt werden kann. Zu den besten und langlebigsten Abfüllgeräten zählt sicherlich die pneumatische Abfüllmaschine. Man benötigt hierzu einen Kompressor. Durch Aktivieren eines Auslösers saugt ein Kolben den Honig aus dem Topf an und preßt ihn in das darunterstehende Glas. Die Geschwindigkeit kann man durch Druckregelung steuern.

> Je wärmer der Honig, desto mehr Schaumbildung.
> Viel Schaum, viel Luft und rasche Kristallisation des Honigs.

Honig mit Nüssen

Um ihre Produktpalette zu vergrößern, erzeugen einige Imker Honige mit Nüssen.

Worauf muß man bei dieser Zubereitung achten?

- Sauberkeit der Nüsse
- Keine wurmigen, schimmligen oder ranzigen Nüsse
- Ganze Nüsse mit einem lange flüssig bleibenden Honig übergießen
- Warmer Honig bei Befüllung

Die Wahl des Honigs

Für die Erzeugung von Honig mit Nüssen eignet sich am besten der Akazienhonig, da er bis zu einem Jahr flüssig bleibt. Verwendet man einen anderen Honig, muß man die Gläser bei eventueller Kristallisation in einen Auftauschrank stellen, so daß die Nüsse wieder zur Geltung kommen.

Welche Nüsse verwendet man?

Walnüsse
Haselnüsse
Mandeln
eventuell Pistazien

Zubereitung von Honig mit Nüssen

Zuerst säubert man die Nüsse und bereitet die Gläser vor. Um das Mischen der beiden Zutaten zu erleichtern, sollte der Honig auf 30 °C erwärmt sein. Dann füllt man die Gläser mit den Nüssen so weit voll, daß sie sich noch ordentlich schließen lassen, und füllt mit warmem Honig auf. Maschinelle Abfüllung ist in diesem Fall ziemlich schwierig, da die Nüsse keine gleichmäßige Verdrängung aufweisen und unterschiedliche Honigmengen benötigt werden.

Zubereitung von Honig mit Nußcremen

900 g Cremehonig
100 g Walnuß-, Haselnuß-, Mandel- oder Pistaziencreme

Den Cremehonig etwas erwärmen und die Walnußcreme einrühren. Kühl lagern.

Werden größere Mengen produziert, fügt man während der Cremehonigbereitung die Nußcreme hinzu. Bei diesem Vorgang vermengen sich die beiden Cremen sehr gut und werden kompakt.

Der Nußcremeanteil sollte nicht mehr als 10 % betragen, da der Honig andernfalls seine konservierende Wirkung verliert und die Masse zu schimmeln beginnen kann.

Honig mit Fruchtcremen

Es gibt im Handel Fruchtzubereitungen, die sich zum Beispiel für die Herstellung von Fruchtjoghurt und Speiseeis eignen. Diese kann man auch in Honig einrühren, allerdings muß man darauf achten, daß der Wassergehalt durch die Fruchtpaste nicht auf über 20 % angehoben wird, da der Honig sonst sauer wird. Wiederum eignet sich der Cremehonig für diese Art Zubereitung am besten, da er die Eigenschaft hat, die Fruchtcremen zu binden. Der Cremehonig wird gerührt, und zwei Tage vor dem Abfüllen kommen 10 % einer Fruchtcreme dazu. Anschließend wird die Masse in Gläser abgefüllt.

Welche Fruchtcremen können verwendet werden?

Man sollte nur Fruchtcremen aus passierten heimischen Früchten verwenden: etwa Erdbeer-, Johannisbeer-, Walderdbeer-, Heidelbeer-, Brombeer- oder Himbeercreme.

Honig mit getrockneten Früchten

Die beste Produktqualität erzielt man, wenn man die Früchte selbst sammelt, trocknet und dem Honig beigibt. Zum Trocknen der Früchte eignen sich z. B. ein Solardörrer oder andere Dörrapparate. Die Toleranzgrenze von 20 % Wassergehalt nach Zugabe der Früchte in den Honig darf dabei nicht überschritten werden. Für die Zubereitung wird wiederum Cremehonig produziert, fünf Tage vor der Fertigstellung werden dann die vorgetrockneten Früchte beigegeben.

Etikettengestaltung

Etiketten sollte man stets so konzipieren, daß sie gut leserlich sind und der Produktname im Vordergrund steht. Trotzdem kann man die Kunden mit Hilfe eines Emblems schon von weitem darauf aufmerksam machen, von wem das Produkt stammt.

Die richtige Deklaration

Sachbezeichnung (Honig, Honig mit Nüssen, Honig mit Früchten usw.)

Name und Anschrift des Erzeugers

Angabe des Ursprungslandes

Mindestens haltbar bis... (Tag, Monat und Jahr)

Nettofüllmenge

Lagerbedingungen

Die Angabe des Loses ist nicht erforderlich, wenn das Mindesthaltbarkeitsdatum unverschlüsselt nach Tag, Monat und Jahr angegeben wird.

Bei Produkten, in die man Nüsse, Früchte oder Fruchtcremen in den Honig einmengt, sollte unbedingt ein Haltbarkeitsdatum angebracht sein. Die Haltbarkeitsdauer sollte mit nicht mehr als einem Jahr angegeben werden.

Honig mit Fruchtcreme

Die Fruchtcreme (z. B. wie hier abgebildet eine Erdbeerpaste) wird mit einem Mixer gründlich in den Cremehonig eingerührt

So sollte der Honig richtig etikettiert werden

Beim Entwerfen eines Etiketts muß man auf verschiedene Angaben achten

Mindestens haltbar bis muß ausgeschrieben werden. Diese Produkte aber laufen nicht zugleich mit diesem Datum aus.

Haltbar bis gilt für Produkte, die mit demselben Datum ablaufen (z. B. Milchprodukte)

Ziffernhöhe bei Honigeinwaage von 50–200 g: 3 mm, von 201 g–1000 g: 4 mm

Welche Chargen versieht man mit einer Nummer?

Beim Honig müßte man keine Chargennummer angeben, wenn das Ablaufdatum unverschlüsselt angegeben wird. Sie erleichtert aber die Rückverfolgbarkeit bei verdorbener Ware, da sie in der Honigabfülliste aufscheint.

Beim Honig hat man normalerweise mehrere Möglichkeiten, Chargen zu verleihen. Man könnte den gesamten Honig von einer Sorte, wie z. B. Waldhonig von einem Jahr, mit einer Losnummer versehen. Dabei läuft man aber Gefahr, daß die gesamte Waldernte vernichtet werden muß, nur weil ein Glas fehlerhaft ist. Es muß ja nicht unbedingt Eigenverschulden sein, daß der Honig verdorben ist, trotzdem ist die gesamte Charge aus dem Verkehr zu ziehen. Deshalb ist es empfehlenswert, daß jede Kanne mit frischem Schleuderhonig fortlaufend von Saisonanfang bis -ende mit einer Losnummer versehen wird. Beim Abfüllen kommt die gleiche Losnummer, wie auf der Kanne angebracht, auf das Etikett der gefüllten Gläser. Nach dem Abfüllen jeder Kanne trägt man die Anzahl der abgefüllten Gläser mit der Losnummer und dem Tag der Abfüllung bzw. der Honigsorte in eine Liste ein.

PROPOLIS

Propolis – der wichtigste Stoff im Bienenvolk

Der Name „Propolis" kommt aus dem Griechischen und bedeutet soviel wie „vor der Stadt". Propolis schützt somit das Bienenvolk vor dem Eindringen von Keimen in den Stock, indem die Bienen schon das Flugloch einbalsamieren. Im Volk selbst verkleben sie alle Fugen und Ritzen und überziehen ihren Bau. Nur wenn das Volk Schwächeerscheinungen zeigt, die heutzutage hauptsächlich durch die Varroamilbe hervorgerufen werden, hilft auch die Propolis nicht mehr, und das Bienenvolk erkrankt.

Herkunft

Die Propolis ist eine Ansammlung von harzigen, wachsartigen, balsamischen Stoffen, welche die Bienen von bestimmten Bäumen und Sträuchern sammeln und mit ihren Hinterbeinen wie den Blütenpollen in den Stock transportieren. Die Propolis ist ein Blattknospenüberzug und schützt die Pflanze vor Nässe. Bei uns bekannte Bäume, auf denen die Propolis vorkommt, sind Tannen, Pappeln, Ulmen, Weiden, Kastanien, Eichen, Steinobstbäume usw. Die Farbe der Propolis wird von der jeweiligen Pflanzenart bestimmt und zieht sich von Rotbraun bis Dunkelbraun.

Zusammensetzung

Ca. 50 % Harz und Balsam
(ungefähr 34 verschiedene Verbindungen, hauptsächlich Flavonoide)
30 % Wachs
10 % ätherische Öle
5 % Pollen
Mineralstoffe und Spurenelemente: Aluminium, Kalzium, Chrom, Kobalt, Kupfer, Zinn, Vanadium, Eisen, Mangan, Silizium
Organische Säuren, Aromastoffe: Gerbsäure, Zimtsäure, Vanillin, Kaffeesäure, Sorbinsäure, Zimtalkohol, Enzyme und antibiotische Stoffe

Gewinnung ohne Rückstände

Abschaben von Rähmchen und Beutenteilen

Aufgrund der Rückstände durch chemische Varroabehandlungsmittel, die fettlöslich sind und sich ins Wachs eingeschweißt haben, ist es in der heutigen Zeit nicht empfehlenswert, Propolis von den Beutenwänden abzuschaben und zu verwenden. Propolis, die frisch auf den Rähmchenoberleisten aufgetragen wurde, kann sehr wohl verwendet werden. Allerdings sollte sie keiner Behandlung ausgesetzt worden sein.

Um reine Propolis zu gewinnen, werden die Gitter erst nach der Sommersonnenwende aufgelegt

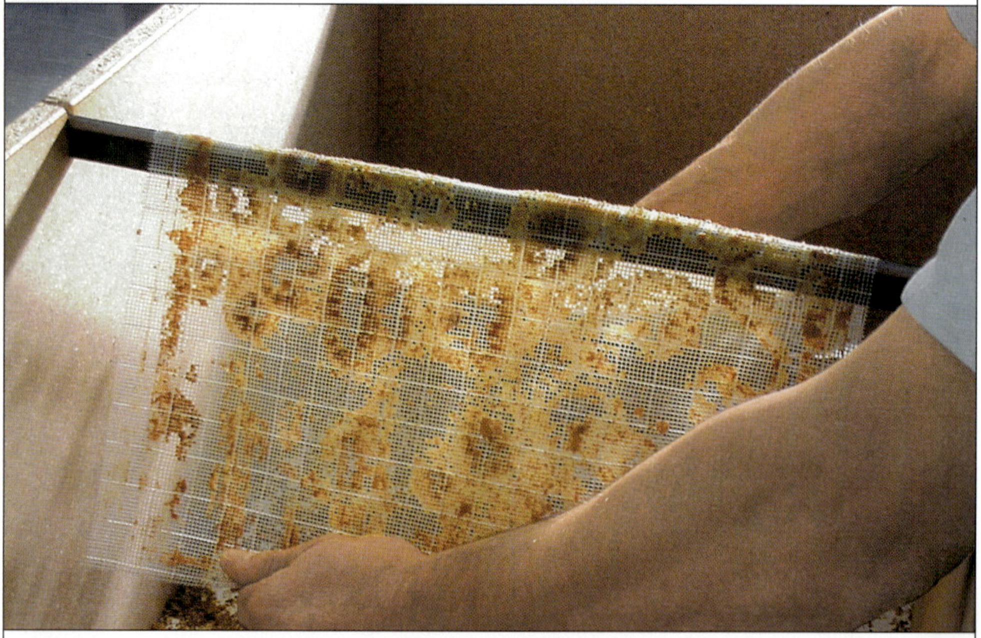

Abreiben der Propolisgitter

Propolis auf den Rähmchenoberleisten

Propolisgitter

Ich verwende in meiner Imkerei Kunststoffgitter mit einer Maschenweite von 2 mm, die ab der Sommersonnenwende eingesetzt und den Völkern auf die obersten Rähmchen aufgelegt werden. Bis zur Sommersonnenwende hat es keinen Sinn, die Gitter aufzulegen, da bis zu diesem Zeitpunkt gute Blütentrachten sind und die Bienen die Gitter eher mit Wachs als mit Propolis verschließen.

Wenn Propolisgitter verändert werden, entsteht für das Bienenvolk eine unnatürliche Situation, und die eingetragene Propolis wird von den Gittern abgenagt.

Bei jeder Routinekontrolle tausche man die Gitter und ersetze sie durch neue. So kann man im Jahr 3–4 Gitter pro Volk voll tragen lassen. Die Propoliserntte eines Volkes von der Sommersonnenwende bis zur ersten Varroabehandlung kann bis zu 150 g betragen. In manchen Gebieten, vor allem im Gebirge, tragen die Bienen sehr wenig Propolis ein, so daß sich das Sammeln erübrigt.

Es gibt auch Gitter, welche die ganze Saison bis zur Behandlung verwendet werden können und im Fluglochbereich oder am Rand an der Beutenwand plaziert werden. Hier findet man verschiedene Arten, etwa Rähmchen, über die beidseitig ein Gitter gespannt wird und sich unten eine abnehmbare Leiste befindet. Bei Hinterbehandlungsbeuten gibt es hinten am Abschlußgitter immer guten Propoliseintrag.

Tiefgekühlte Aufbewahrung

Es ist wichtig, daß die Propolisgitter sofort nach ihrer Abnahme von den Völkern tiefgekühlt werden, da andernfalls die ätherischen Öle austrocknen. Hierzu steckt man die Gitter in einen Plastiksack, damit sie nicht unliebsame Gerüche vom Gefrierschrank annehmen können. Weiters tötet man damit auch die Wachsmotte, gibt ihr zumindest keine Chance zur Vermehrung. Ein ganz entscheidender Punkt ist, daß die Propolis durch die Tiefkühlung spröde wird und sich leicht abschaben läßt.

Abschaben der Propolisgitter

Die Propolis schabt man Hilfe eines Holzkastens, in dessen Mitte sich ein kantiges Eisen befindet, von den Gittern ab. Das Ganze sollte innerhalb eines kurzen Zeitraums erfolgen, da die Propolis sonst weich und klebrig wird und sich nicht mehr von den Gittern loslöst.

Pulverisierung und Ansetzen in 96%igem Alkohol

Das gewonnene Kittharz muß vor der Pulverisierung auf einem weißen Papier von Fremdkörpern befreit werden. Danach kommt die Propolis in eine Kaffeemühle und wird pulverisiert. Man sollte dabei nicht zu lange rühren, denn sonst wird das Kittharz weich und verklebt in der Mühle. Ist die Propolis gemahlen, setzt man sie mit 96%igem Alkohol an.

Herstellen von Propolistropfen

Ansetzen der Propolislösung

Pulverisierte Propolis in 96%igem Alkohol ansetzen
Mischungsverhältnis: 300 g Propolis
1.000 g Alkohol

Kleiner Tip: Zuerst den Alkohol in das Gefäß geben, dann die Propolis. Kommt als erstes die Propolis in das Gefäß, haftet sie nach Zugabe des Alkohols am Glas und löst sich schwer. Die Lösung sollte in dunklen Gläsern angesetzt und dunkel und kühl gelagert werden.

Die Propolislösung wird zumindest einen Monat lang angesetzt und oftmalig geschüttelt, damit der Alkohol die Propolis vollständig auslaugen kann.

Fertiger Ansatz: Mischungsverhältnis 1.000 g Alkohol/300 g Propolis

Pulverisierung der Propolis und Ansetzen der Lösung

Propolislösung

Die Filtration kann mittels eines Kaffeefilters erfolgen

Abfüllung in 50 ml-Fläschchen

Filtration

Die Filtration kann über Kaffeefilter oder über Druckfilter erfolgen. Zum Aufziehen der Propolis verwendet man am besten eine 100-ml-Spritze. Dabei muß man beachten, daß die Lösung nicht ganz bis zum Bodensatz abgesaugt wird, da sonst schon Wachs miteingesogen und die Propolislösung trüb wird. Wenn sich der Kaffeefilter mit Propolis verklebt, sollte man ihn erneuern.

Auspressen des Bodensatzes
Hierzu muß man beachten, daß sich über dem Bodensatz noch mindestens 2 cm Lösung befinden sollten, damit sich der Satz besser aufschütteln und herausleeren läßt. Das Preßgut wird durch ein Leinentuch ausgepreßt. Dabei ist oberste Vorsicht geboten, da das Tuch reißen und es durch Verspritzen der Lösung zu schweren Augenverätzungen kommen könnte.

Abfüllung

Die Propolislösung kann nun mit einer 100-ml-Spritze in die erwünschten Gebinde abgefüllt werden. Man muß nur immer beachten, daß dunkle (wegen des UV-Lichtes) und zugelassene Fläschchen (Verpackungsverordnung beachten) verwendet werden.

Richtige Etikettierung

Verkauf
Erfahrungsgemäß dauert es einige Zeit, bis man einen Kundenstock für Propolisprodukte aufgebaut hat. Wichtig ist, daß der Kunde immer die richtige Information über das Produkt erhält.

Einfache Ermittlung der Konzentration von Propolislösungen

Eine von Imkermeister Hinterleitner entwickelte Methode ermöglicht jedem Imker ohne großartigen Kostenaufwand eine ziemlich genaue Messung der Propolis-Trockenmasse einer Propolislösung. Je nach Jahreszeit und Trachtverhältnissen kann die Propolis mehr oder weniger Wachsanteile beinhalten. Der Reinheitsgrad kann einer Schwankung zwischen 80 % und 20 % unterliegen. Eine höhere Konzentration als eine 20%ige Propolislösung kann man daher mit dem normalen Ansatz (1.000 g Alkohol / 300 g Propolis) nicht erreichen. Zur Erzielung einer höheren Konzentration müßte man mehr Rohpropolis nehmen. Bei einem Anteil von 20 % Propolis der Rohsubstanz erzielt man eine 4,6%ige Propolislösung. In diesem Fall muß eine Haupttracht gewesen sein, weil die Bienen die Gitter überwiegend mit Wachs zugemacht haben.

Herr Hinterleitner verwendet zum Bestimmen der Propolis-Trockenmasse eine Alkoholmeßspindel, einen Glaszylinder von zirka 27 cm Länge (200 ml) und eine Umrechnungstabelle. Letztere klügelte er selbst aus, indem er Propolislösungen verdunsten ließ, die Propolis-Trockenmasse abwog und die gleichen Lösungen mit der Alkoholmeßspindel maß.

Wie ermittelt man die Propoliskonzentration?

Zuerst wird der Glaszylinder zu gut ⅔ mit Propolislösung gefüllt. Die optimale Füllhöhe ist dann erreicht, wenn soviel Propolislösung im Zylinder ist, daß die Meßspindel nicht am Grund des Gefäßes aufsitzt und schon gar nicht die Lösung zum Auslaufen bringt. Dann läßt man die Alkoholmeßspindel langsam in die Lösung eintauchen und liest nach dem Stillstand der Spindel die Vol.-% Alkohol ab. Ein zu tiefes Eintauchen der Spindel bewirkt, daß Propolis an ihr anhaftet, wodurch die Spindel ein höheres Gewicht erhält und somit ein falsches Meßergebnis zustande kommt.

Umrechnungstabelle für Lösungen mit 96%igem Alkohol

Spindelskala % vol. Alk.	Trockenmasse Propolis	Spindelskala % vol. Alk.	Trockenmasse Propolis
56	32,0	75	19,0
57	31,8	76	17,7
58	31,5	77	16,9
59	31,2	78	16,6
60	30,7	79	14,7
61	30,3	80	14,3
62	29,7	81	13,8
63	29,4	82	13,0
64	28,6	83	12,3
65	28,1	84	11,5
66	26,9	85	10,9
67	25,4	86	10,0
68	24,6	87	9,2
69	23,5	88	7,6
70	22,1	89	6,4
71	21,5	90	4,9
72	20,9	91	3,8
73	20,3	92	3,3
74	19,8	93	2,3

Wichtig ist, daß bei dieser Messung die Bezugstemperatur der Meßspindel beachtet wird. Eine Temperaturdifferenz von 5 °C bringt eine Abweichung von 2 Vol.-% Die Hilfsmittel, welche mit Propolislösung behaftet sind, werden mit reinem Weingeist gewaschen, den man zum Ansetzen der nächsten Lösungen verwenden kann. Die Umrechnungstabelle gilt nur für Lösungen mit 96%igem Alkohol.

Ermittlung des Propolisgehaltes durch die Alkoholmeßspindel

Errechnen der tatsächlichen Alkoholkonzentration

Beispiel a)
Bezugstemperatur der Spindel 20 °C
Propolistemperatur 15 °C
Konzentrationsanzeige 66 Vol.-%
tatsächliche Konzentration
66 % + 2 % = 68 %

Beispiel b)
Bezugstemperatur der Spindel 15 °C
Propolistemperatur 20 °C
Konzentrationsanzeige 66 Vol.-% Alk.
tatsächliche Konzentration: 66 % – 2 % = 64 %

Seit Juli 2001 ist in Österreich eine Konzentrationsangabe bei Propolislösungen erforderlich.

Richtige Kennzeichnung (lt. LMKV u. Nahrungsergänzungs-VO)

Auf dem Glas

Propolistropfen – ein Produkt aus dem Bienenvolk

Mindestens haltbar bis: 31. 12. 200 . *

Alkoholgehalt ca. 80% vol

Nettofüllmenge: 50 ml

Auf dem Karton

Propolistropfen, Nahrungsmittelergänzung – Ein Produkt aus dem Bienenvolk

Erzeuger: Franz Mustermann, Mustergasse 1, A-8888 Musterdorf

Mindestens haltbar bis: 31. 12. 200 . *

Zutaten: Alkohol, 15% Propolis

3x täglich 20 Tropfen einnehmen!

Alkoholgehalt ca. 80% vol

Die empfohlene Tagesmenge 60 Tropfen (entspricht 60 x 15 x 0,3 = 270 mg reiner Propolis) soll nicht überschritten werden!

Nahrungsergänzungsmittel sind kein Ersatz für eine ausgewogene Ernährung!

Bitte außerhalb der Reichweite von kleinen Kindern lagern!

* Ein Los ist dann anzugeben, wenn das MHD nur nach Monat und Jahr angegeben wird.

Hinweis: Man muß unbedingt beachten, daß zum Beispiel die Kennzeichnung „mindestens haltbar bis Ende" nicht abgekürzt wird, da es sonst zu Strafanzeigen kommen kann. Für Propolisprodukte ist ein Mindesthaltbarkeitsdatum von 3 Jahren vorgesehen, obwohl, wie man weiß, 96%iger Alkohol mit Propolis länger halten würde. Ich verwende zum Füllen der Propolislösungen ausschließlich Maßbehältnisfläschchen und eine 100-ml-Spritze zum Aufziehen der Propolis, die nach jeder Verwendung mit Alkohol gereinigt wird, damit sie sich im Laufe der Zeit nicht verklebt und immer hygienisch rein ist. Auf die Ziffernhöhe des Nennvolumens auf dem Etikett sollte man ebenso nicht vergessen. Sie muß bei Propolislösungen und Cremen laut Verpackungsverordnung mindestens 2 mm hoch sein.

Herstellen von Propoliscremen

Für viele Imker war das Erzeugen einer Propoliscreme ein Ding der Unmöglichkeit, weil sie sich nicht zutrauten, Cremen zu produzieren und diesbezügliche Schulung ebenso fehlte. Durch zahlreiche Praxiskurse, die in diversen Imkerschulen angeboten werden, wurden die Imker ermutigt, selbst einen Versuch zu starten. Die wichtigsten Grundstoffe für die Erzeugung von Propoliscremen sind Vaseline, Lanolin und Olivenöl. Nach fachmännischer Auskunft sollte man sich entscheiden, ob man ein pflanzliches Produkt (Olivenöl), ein Erdölprodukt (Vaseline) oder tierische Fette (Lanolin) bevorzugt. Natürlich darf man, je nach Rezept, die Cremegrundlagen auch gemischt verarbeiten.

Erforderliche Geräte:

- Herdplatte
- Topf mit Wasserbad
- Rührschüssel (Edelstahl)
- großer Löffel, Schöpfer, Abfüllkanne, Messer
- Waage

Propoliscreme nach Zangerl 1

Zusammensetzung

Vaseline	*100 g*	*Propolislösung*	*10 g*
Lanolin	*100 g*	*Lärchenterpentin*	*10 g*
Propolis	*25 g*	*Latschenkieferöl*	*0,2 g*
Bienenhonig	*15 g*		

Herstellung

Vaseline, Lanolin und Lärchenterpentin werden auf ca. 60 °C erwärmt. Das Ganze wird gut verrührt und auf 45 °C abgekühlt.
In die Masse wird feinstgemahlene Propolis eingerührt, bis sie sich vollständig löst.
Bei ca. 35 °C gibt man das Latschenkieferöl bei.
Die Propolislösung einrühren und zuletzt den Honig dazugeben.
Die noch nicht erstarrte Masse in vorbereitete Salbentiegelchen abfüllen und etikettieren.

Kleiner Tip: Sind die Cremezutaten zu heiß und man gibt den Bienenhonig dazu, sinkt dieser zu Boden, überdies wird er auch überhitzt und verliert viele seiner wertvollen Stoffe. Der Honig wird erst eingerührt, wenn die Creme zu erstarren beginnt, nur dann hat man auch die Gewißheit, daß er sich gleichmäßig in der Creme verteilt. Sollte sich die Rohpropolis zu einem Klumpen zusammensetzen, gibt man statt dessen stark angesetzte Propolislösung dazu und rührt solange bei 50 °C bis ein Großteil des Alkohols verdunstet ist. Alkohol schadet in der Creme nicht, weil er eine heilende Wirkung aufweist und die Creme konserviert.

Wichtig: Damit man die gewünschte Füllmenge im Cremetiegel erreicht, muß die Creme unbedingt noch flüssig abgefüllt werden. Auf meinen Etiketten wird die Füllmenge in Milliliter angegeben, damit man nicht Gefahr läuft, daß die Propoliscreme bei Angabe in Gramm zu wenig Gewicht hat. Bei der Erzeugung der Creme sollte man unnötiges Rühren unterlassen, da sonst zu viel Luft mit eingemischt wird und die Creme nicht das gewünschte Gewicht erreicht.

Füllt man Propoliscremen zu heiß ab, kann, je nach Salbengrundlage, in der Mitte der Oberfläche eine Vertiefung entstehen, was für den Verkauf nicht von Vorteil ist. Um dieses entstandene Loch zu verschließen, streicht man es mit einem Tafelmesser zu.

Propoliscreme nach Zangerl 2

Zusammensetzung

1.000 g	*Vaseline*	*25 g*	*Bienenwachs*
300 ml	*kalt gepreßtes Olivenöl*	*100 Tropfen*	*Latschenkieferöl*
200 ml	*Propolislösung (ca. 40%iger Ansatz)*		

Herstellung

Zuerst schmilzt man das Bienenwachs ein (Schmelzpunkt 65 °C).
Dann gibt man die Vaseline dazu (65 °C).
Danach rührt man bei 60 °C das kaltgepreßte Olivenöl und das Latschenkieferöl ein.
Bei 40 °C fügt man die Propolislösung hinzu und läßt den Alkohol durch ständiges Rühren verdampfen.

Wichtig: Man sollte beachten, daß die Höchstmengen von Lärchenterpentin (4,5 g / 100 g) und Latschenkieferöl (4,0 g / 100 g) nicht überschritten werden, da es sonst zu allergischen Hautreaktionen kommen kann.

Propoliscreme mit Olivenöl

Zusammensetzung

500 ml	*Olivenöl*	*20 g*	*Lärchenterpentin*
100 g	*Bienenwachs*	*50 Tropfen*	*Latschenkieferöl*
100 ml	*Propolislösung (eingedickt)*		

Herstellung

Olivenöl und Bienenwachs erhitzen, bis das Bienenwachs geschmolzen ist.
Danach gibt man das Lärchenterpentin und das Latschenkieferöl dazu.
Wenn die Creme zirka 50 °C erreicht hat, rührt man die Propolislösung ein und läßt den Alkohol größtenteils verdunsten.
Mit ungefähr 40 °C, wenn die Creme zu erstarren beginnt, füllt man sie in bereits vorbereitete Tiegel ab und etikettiert sie.

Achtung: Erst nach einer halben Stunde, wenn die Propoliscreme vollkommen erstarrt ist, werden die Tiegel verschlossen. Ist die Creme zu warm, bleibt sie auf den Verschlüssen haften.

Propoliscreme mit Eukalyptusöl

Zusammensetzung

100 g	*Lanolin*	*10 g*	*Bienenwachs*
40 ml	*Propolislösung*	*10 Tropfen*	*Eukalyptusöl*

Herstellung

Bienenwachs und Lanolin in einem Rührgefäß im Wasserbad auflösen.
Auf 40 °C abkühlen lassen, Propolislösung und Eukalyptusöl beigeben.
Abfüllen und etikettieren

Propoliscreme: *Einschmelzen der Grundstoffe Vaseline und Lanolin*

Temperaturkontrolle

Zugabe von Latschenkieferöl

Herausrühren des Alkohols

Vor dem Erstarren in ein Edelstahlgefäß einleeren

Abfüllen in dunkle Glastiegel

Propolis-Ringelblumen-Creme:
Grundstoffe

Kochen der Ringelblumen in Vaseline

Abseihen der Vaseline-Ringelblumenlösung

Zugabe des Bienenwachses und des Bienenhonigs bei 70 °C bzw. bei 45 °C

Zugabe der Propolislösung

Abfüllen

Vorsicht: Vermeiden Sie, künstliche Aromaöle in Propoliscremen einzuarbeiten. Dies könnte zu einer übersensiblen Reaktion der Haut führen. Daher ist es erforderlich, unbedingt natürliche Öle (mit Zertifikat) zu kaufen. Weiters ist es sicherlich hilfreich, sich von geschultem Personal beraten zu lassen, um Fehler bei der Herstellung zu vermeiden.

Propoliscreme nach Drescher

Zusammensetzung

440 g	*Basunguent*	*112 g*	*kalt gepreßtes Olivenöl*
18 g	*Bienenwachs*	*30 g*	*Propolislösung*

Herstellung

Zuerst schmelzt man das Bienenwachs in einer Rührschüssel im Wasserbad.
Wenn das Wachs bei 65 °C oder mehr geschmolzen ist, gibt man das Basunguent bei.
Anschließend rührt man das kalt gepreßte Olivenöl ein.
Bevor die Creme erstarrt, kommt die Propolislösung hinzu.

Propolis-Ringelblumen-Creme

Zusammensetzung

500 g	*Vaseline*	*50 g*	*Honig*
70 g	*Bienenwachs*	*100 ml*	*Propolislösung (eingedickt)*
			eine Handvoll Ringelblumen (Blüten mit Blättern)

Herstellung

Die frischen Ringelblumen in der Vaseline kochen und durch ein Leinentuch pressen.
Anschließend das Bienenwachs dazugeben.
Bei 50 °C die Propolislösung und den Honig beigeben und den Alkohol durch Rühren verdampfen lassen.
Vor dem Erstarren abfüllen.

Mit Bienenwachs kann die Konsistenz der Creme gesteuert werden!

Lippenbalsam

Zusammensetzung

240 ml	*Olivenöl*	*50*	*Tropfen Kamillenöl*
50 g	*Bienenwachs*	*10 ml*	*Propolislösung*
15 g	*Honig*		

Herstellung

Erhitzen Sie das Olivenöl und das Bienenwachs auf 60 °C.
Wenn die Creme auf 45 °C abgekühlt ist, rühren Sie Honig, Kamillenöl und die Propolislösung ein.
Vor dem Erstarren füllen Sie die Creme in Tiegel.

Propolisbalsam

Zusammensetzung

600 ml	*Olivenöl*	*1*	*Teelöffel Lärchenterpentin*
60 g	*Bienenwachs*	*10*	*Tropfen Latschenkieferöl*
120 ml	*Propolislösung*		

Herstellung

Olivenöl und Bienenwachs auf 65 °C erhitzen.
Zugabe von Lärchenterpentin.
Bei 45 °C Zugabe von Latschenkieferöl und Propolislösung.

Erkältungsbalsam

Zusammensetzung

50 g	*weiße Vaseline*	*0,5 g*	*Kampfer*
1 g	*Eukalyptusöl*	*1 g*	*Thymianöl*
1 g	*Pfefferminzöl*	*5 Tropfen*	*Propolislösung*
1 g	*Latschenkieferöl*	*5 g*	*Honig*

Herstellung

Vaseline zum Schmelzen bringen.
Bei ungefähr 45° C den Bienenhonig hinzufügen.
Die ätherischen Öle vor dem Erstarren einmengen.

Propolisbalsam:
Erhitzen des Olivenöls auf 65 °C

Einschmelzen des Bienenwachses

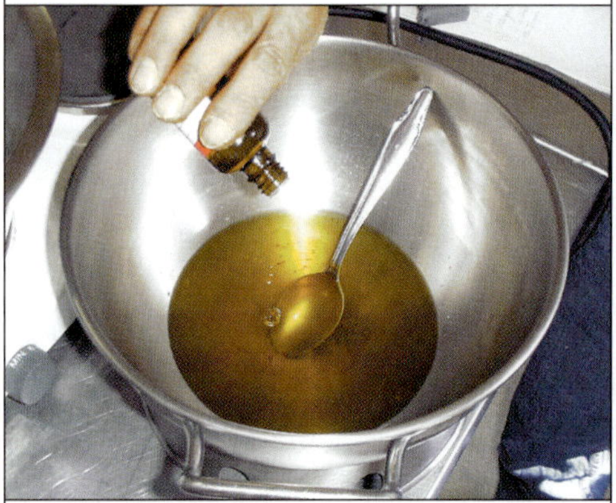

Zugabe des Lärchenterpentins und des Latschenkieferöls

Zugabe der Propolislösung

Verrühren der Masse

Abfüllen in lichtgeschützte Gläser

Gesetzliche Bestimmungen (Österreich)

Dem österreichischem Imkerbund ist es im Jahre 1998 gelungen, eine Poollösung für alle österreichischen Imker durchzubringen, damit sie das Produkt Propoliscreme weiterhin in Verkehr bringen können. Allerdings beschränkte man sich auf zwei Propoliscremen (Propoliscreme nach Zangerl und Drescher).

Kosmetika sind nicht anmeldepflichtig, unterliegen aber der Kosmetikverordnung

Kontrollmaßnahmen betreffend kosmetische Mittel

§1(1) Der Hersteller eines kosmetischen Mittels hat den Ort der Herstellung sowie des ersten Inverkehrbringens des kosmetischen Mittels der zuständigen Behörde (Landeshauptmann) vor dem ersten Inverkehrbringen mitzuteilen;

- sicherzustellen, daß der zuständigen Behörde zu Kontrollzwecken die auf dem Etikett angebrachte Anschrift leicht zugänglich ist;
- Angaben über qualitative und quantitative Zusammensetzung;
- physikalisch-chemische und mikrobiologische Spezifikationen der Ausgangsstoffe und des Erzeugnisses sowie Reinheit und mikrobiologische Kontrollen des kosmetischen Mittels;
- Herstellerweise;
- die Bewertung der Sicherheit des Erzeugnisses für die menschliche Gesundheit. Allgemeines toxikologisches Profil der Bestandteile, ihr chemischer Aufbau und ihr Grad der Exposition sind zu berücksichtigen;
- Name und Anschrift der Person, die für die Bewertung verantwortlich ist;
- bekannte Daten über unerwünschte Nebenwirkungen für die menschliche Gesundheit;
- Nachweis der angepriesenen Wirkung, wenn dies aufgrund der Aufmachung gerechtfertigt ist;

All diese Punkte – ausgeführt in einem Dossier – muß der österreichische Imker aufbewahren. Die erforderlichen Unterlagen erhält er vom österreichischen Imkerbund.

Welche Richtlinien muß der österreichische Imker erfüllen, um

Propoliscremen herstellen zu dürfen?

- Die Meldung beim zuständigen Amt der Landesregierung
- Nach hygienischen Grundsätzen die Erzeugung durchführen (HACCP = Hazard Critical Control Points)
- Richtige Etikettierung nach INCI (International nomenclature of cosmetic ingredients)

Etikettengestaltung einer Propoliscreme

Name und Anschrift des Erzeugers

Sachbezeichnung (Propoliscreme)

Ursprungsland, wenn das Produkt nicht in der EU hergestellt worden ist

Nenninhalt in g oder ml

Mindesthaltbarkeitsdatum „mindestens haltbar bis Tag, Monat und Jahr"

Lagerbedingungen, wenn erforderlich

Besondere Anwendungsbedingungen und Warnhinweise, wenn die Beschaffenheit des Produkts es erfordert

Chargennummer

Bestandteile in absteigender Reihenfolge ihres Gewichtes

BLÜTENPOLLEN

Blütenpollen sind die männlichen Keimzellen der Blütenpflanzen und werden in den Staubgefäßen produziert. Um 15 Milligramm Pollen zu „höseln", müssen die Bienen rund 80 Blüten befliegen. Ein Bienenvolk sammelt pro Jahr ungefähr 40–60 kg Pollen. Die Bienen sammeln den Pollen teils zur eigenen Ernährung, hauptsächlich dient er aber zur Nachkommenversorgung (Larvennahrung). Im Haarkleid bleiben beim Nektarsammeln wie auch speziell beim Pollensammeln mikroskopisch kleine Pollenkörner hängen. Mit Hilfe der Zusammenarbeit von Vorder-, Mittel- und Hinterbeinen kommen zwei sogenannte Pollenhöschen zustande. Durch eigene Vorrichtungen, mit denen die Beine der Biene ausgestattet sind (Bürste-Kamm-Schieber), wird das Haarkleid durchkämmt. Zum Pollen kommt Nektar dazu, damit er kompakt und auf den Hinterbeinen der Biene an einer stark ausgebildeten Borste befestigt bleibt.

Es gibt eine große Sortenvielfalt von Blütenpollen. Jede Pflanze, die Pollen trägt, hat eine eigene Pollenform, die keiner anderen gleicht. Die Pollenkörner unterscheiden sich auch stark durch ihre Größe. 1 Gramm Pollen kann bis zu 300.000 Pollenkörner umfassen. Durch die verschiedensten Zusammensetzungen findet man sehr wertvolle, aber auch mindere Pollenarten.

Bienenvölker, die im Herbst noch viel Pollen sammeln und unter dem Winterfutter einlagern, haben die besten Voraussetzungen für das nächste Jahr.

Zusammensetzung des Blütenpollens

Eiweiß

Pollen enthält 14 verschiedene Arten von essentiellen Aminosäuren. Das sind die Bausteine für pflanzliches Eiweiß, die der menschliche Körper nicht produzieren kann. Nimmt der Mensch zuviel tierisches Eiweiß zu sich, kann es zu Gesundheitsschäden kommen. Pollen enthält bis zu 35 % Proteine, und bei übermäßigem Genuß passiert dem menschlichen Körper nichts. 100 Gramm Blütenpollen enthalten eine so hohe Konzentration an essentiellen Aminosäuren, wie in 500 Gramm Rindfleisch oder 7 Eiern enthalten sind.

Vitamine

Im Gegensatz zu Honig ist Pollen reich an Vitaminen. So findet sich darin das Provitamin A, das für die Augen, Haut und Schleimhautfunktion sehr wichtig ist. Weiters enthält Pollen das Vitamin D, das die Knochenbildung fördert, Vitamin B 12, das bei der Blutbildung eine wichtige Rolle spielt. Weiters Vitamin K, das für die Blutgerinnung entscheidend ist. Außerdem beinhaltet Pollen noch Vitamin C und E und in kleineren Mengen andere, nicht so entscheidende Vitamine.

Fette

Im Pollen findet man drei wichtige ungesättigte Fettsäuren, und zwar Linol-, Linolen- und Arachidonsäure. Diese hochungesättigten Fettsäuren bewirken, daß die Blutfettewerte im menschlichen Organismus geregelt werden. Durch die Verminderung der Blutfettwerte kommt es nicht so rasch zu Arterienverkalkungen und Herzinfarkten.

Kohlenhydrate

Fructose, Glucose und Saccharose sind die wichtigsten Zuckerarten im Pollen. Sie nehmen den Hauptbestandteil der Trockenmasse ein.

Mineralstoffe

In Blütenpollen stecken auch Mineralstoffe und Spurenelemente, wie Eisen, Kalium, Chlor, Kalzium, Magnesium, Phosphor, Silizium, Mangan, Kupfer und Schwefel. Weiters enthält Pollen Enzyme, Hormone, natürliche Antibiotika und Wachstumsstoffe.

Wie wird Höschenpollen geerntet?

Höschenpollen wird eigentlich nur von einer geringen Anzahl von Imkern vertrieben, da es sehr mühsam ist, ihn zu sammeln, und er überdies leicht verdirbt. Die meisten Imker beschränken sich zumeist auf die Produktion von Honig und eventuell Propolis.

Bienen beim Pollensammeln

Höschenpollen gewinnt man, indem Pollenfallen im Bodenbrett oder im Fluglochbereich angebracht werden und die Bienen durch ein Gitter klettern müssen, wobei sie einen Großteil des Pollens abstreifen.

Pollensammeln im Fluglochbereich

Die meiner Meinung nach beste Methode ist, Pollenfallen am Flugloch anzubringen. Diese Variante hat den großen Vorteil, daß kein Schmutz in die Pollensammelbehälter gelangt. Das Prinzip dieser Fallen ist ganz einfach. Die Biene muß, wenn sie heimkehrt, durch ein Lochblech durchklettern, wobei sie den Pollen abstreift, der durch ein 4-Millimeter-Gitter in eine Lade fällt. Um den gewünschten Erfolg zu erlangen, kaufen Sie in einer Spenglerei ein Vogelschutzgitter mit fünf Millimeter Maschenweite, und schneiden Sie es auf die gewünschte Größe zu. Dieses gestanzte Gitter streift den Pollen besser ab als ein Drahtgitter. Bei den gestanzten 5-Millimeter-Löchern der Vogelschutzgitter sollte man darauf achten, daß die Ränder nicht zu scharfschneidig sind und bei Bedarf mit einem feinen Schleifpapier abgerundet werden. Durch den scharfen Rand könnte es nämlich passieren, daß Bienenfüße abgetrennt werden und in den Auffangbehältern landen. Weiters ist es sehr wichtig, daß die Pollenfallen vor Regen geschützt sind, denn wenn Pollen naß wird, löst er sich auf. Da diese Fallen große Ansprüche an die Bienen stellen, muß das Bienenvolk von Zeit zu Zeit entlastet werden. Hierbei muß man nur das Lochblech in die Höhe ziehen und zwei Hölzer unterschieben, so daß die Bienen wieder normal aus und ein klettern können.

Achtung: Wenn die Flugfront durch eine Pollenfalle verändert wird und der Eingang versperrt ist, fliegen die Bienen anderen Völkern zu, wo keine Fallen hängen. Deshalb sollte fast jedes Volk eine Falle bekommen. Einige Völker läßt man als Drohnenauffang über, da es für die Drohnen nicht so einfach ist, durch die Drohnenfluchtröhren wieder in das Volk zurückzugelangen.

Pollensammeln innerhalb des Stockes

Innerhalb des Bienenstockes legt man Pollenfallen auf das Bodenbrett oder schiebt sie von hinten nach vorne, so daß sie jederzeit entfernt werden können. Im Bodenbrett befindet sich die Auffanglade. Sie ist vor den Bienen geschützt, damit sie nicht dazugelangen und den Pollen austragen. Übrigens: die Auffanglade sollte immer so konzipiert sein, daß ein feines Gitter auf der Unterseite gespannt ist, damit der Pollen gut belüftet wird. Pollen schimmelt nämlich in kürzester Zeit, da er im frischen Zustand ca. 35 % Wassergehalt hat. Es entstehen dadurch leicht Toxine. Deshalb muß Pollen täglich geerntet werden. Pollensammeln innerhalb des Volkes hat den großen Nach-

Pollengewinnung

Pollenfalle mit 5 mm Lochgitter, Drohnenfluchtröhren und Pollenauffanglade

Pollenfallen sollten auf allen Völkern, die in einer Reihe stehen, montiert werden

Eine Tagesernte von ungefähr 150 g pro Volk ist durchaus möglich

teil, daß sich der Pollen mit Gemülle vermischt. In diesem Fall ist die Reinigung schwieriger und aufwendiger.

Achtung: Bei Erweiterungsschritten, wobei Sie Waben aufsetzen, sollten Sie das Pollensammeln unterlassen, da beim Säubern der Waben Wachsstücke in den diversen Pollenfallen landen.

Wann und wie lange kann Pollen gesammelt werden?

Pollen kann eigentlich die ganze Saison hindurch gesammelt werden. Von Zeit zu Zeit müssen aber Pausen eingelegt werden. Bis zur Obstblüte hin macht man ohnehin so gut wie keine Eingriffe im Bienenvolk, eventuell einzelne Futterergänzungen. Erst ab der Obstblüte oder im Raps beginnt man mit dem Pollensammeln. Nach 14tägiger Sammeltätigkeit mit täglicher Pollenentnahme legt man eine Woche Pause ein. In diesem Rhythmus könnte das Sammeln die ganze Saison weiterbetrieben werden.
Folgende Punkte aber sollten beachtet werden:

Optimale Nährstoffversorgung der Völker durch gute Trachtbedingungen.

Bei Honigzunahmen von über zwei Kilogramm muß man das Pollensammeln beenden, da die Honigblase bei Massentrachten zu sehr gefüllt ist und sie beim Durchschlüpfen durch die 5-Millimeter-Löcher gequetscht wird. Es kommt zu Nektar- oder Honigtauaustritt, die Pollenfalle verklebt, und die Bienen haben beim Durchschlüpfen große Schwierigkeiten.

Bei Schlechtwetterperioden muß man das Sammeln ebenso einstellen, da die Bienen sonst die Brut nicht ausreichend versorgen können.

Trocknen im Wärmeschrank

Interessant ist, daß Völker, bei denen man Pollen sammelt, kaum Polleneinbußen haben, da sie doppelt so eifrig eintragen. In einer Schwarmphase, z. B. im Raps, wirkt Pollensammeln schwarmdämpfend, da der übermäßige Eintrag von Pollen und auch Nektar behindert wird und die Königin genügend Platz für die Eiablage findet. Es gibt unterschiedliche Polleneinträge unter den Bienenvölkern. Wenn man sich auf das Pollensammeln spezialisiert, wäre es sinnvoll, von Königinnen, die eifrige Pollensammlerinnen produzieren, nachzuzüchten. Gute Völker können eine Tagesernte bis zu 150 g erbringen.

Bei welchen Völkern darf Pollen keinesfalls gesammelt werden?
- Bei Völkern, die Kalkbrut aufweisen.
- Bei Völkern, die einen schlechten Putztrieb besitzen.
- Bei Völkern, die zu schwach sind und ohnehin schwer auf den Entwicklungshöhepunkt kommen.
- Bei Völkern, die gerade erweitert worden sind, wegen des Wachsabfalls durch die Wabenreinigung.

Die Trocknung

Frisch gesammelter Pollen hat einen Wassergehalt von bis zu 35 % und würde über Nacht zusätzlich durch die höhere Luftfeuchtigkeit Wasser aufnehmen, da er stark hygroskopisch ist. Zum Pollentrocknen eignen sich am besten Wärmeschränke oder Dörrapparate, die aber nicht mit UV-Licht betrieben werden sollten, da UV-Licht wichtige Inhaltsstoffe abtötet. Ich verwende zum Trocknen feinmaschig mit Kunststoffgitter bespannte Laden, wobei der Pollen in einem Wärmeschrank 3 Tage lang bei einer Temperatur von 35 °C liegt und die Luft gut durch die Gitter zirkulieren kann. Für eine optimale Trocknung verteilt man den Pollen in diesen Laden so, daß kaum Höschen übereinanderliegen. Pollen ist hitzeempfindlich, wählen Sie deshalb nicht eine höhere Temperatur aus. Getrocknet ist der Pollen erst dann, wenn er sich kaum mehr zusammendrücken läßt. Zu hart getrockneter Pollen läßt sich wiederum schwerer pulverisieren und büßt wichtige Wirkstoffe ein, wenn er zu lange wärmebehandelt wird. Es liegt also immer wieder an einem selbst, die richtigen Bedingungen zu erkunden. Blütenpollen läßt sich auch im Backrohr trocknen, aber die meisten E-Herde lassen sich nicht unter 50 °C regulieren. Somit muß davon abgeraten werden. Auch die Trocknung auf Dachböden ist nicht zu empfehlen, da der Pollen verschmutzt werden könnte.

Die Reinigung

Zuerst vollzieht man eine Grobreinigung, indem der Pollen auf eine große helle Fläche aufgetragen wird. Bienenteile, Wachsgemülle und andere Fremdkörper werden mit einer Pinzette entfernt. Sammelt man kleinere Mengen Pollen, hat man die

Möglichkeit, feine Teile, die leichter sind als der Pollen, mit einem Haarfön auszublasen. Eine gewisse Erleichterung erzielt man, indem man den Pollen durch einen Trichter laufen läßt und den Pollenstrahl mit dem Fön bearbeitet. Bei einer gewichtigeren Portion Pollen wird mit einem Getreidegebläse oder anderen professionellen Geräten gereinigt. Zu guter Letzt sollte man den Pollen noch einmal handverlesen und ihn in Gläser abfüllen.

Das Schützen vor Schädlingen

Es gibt verschiedene Schädlinge, die den Blütenpollen befallen und vernichten können. Dazu zählen Wachsmotten, ein bestimmter Käfer *(Silvanis sirinamendis)* und die sogenannte Pollenmilbe, die den Pollen zu Mehl macht und damit ungenießbar werden läßt. Die ersten beiden Schädlinge werden im Kühlschrank auf einfache Weise zunichte gemacht, die Pollenmilbe ist aber hartnäckiger und braucht eine Tiefkühltemperatur von –18 °C über die Dauer von drei Tagen, um sie zu vernichten. Normalerweise gelangen bei schneller Verarbeitung und dicht verschlossenen Gefäßen keine Fremdlinge zum Pollen, aber zur Sicherheit friert man Pollen nach dem Trocknen immer ein.

Die Verarbeitung

Blütenpollen kann in mehreren Arten angeboten werden. Die herkömmlichste Art ist der Verkauf von Höschenpollen. Man bietet auch pulverisierten Blütenpollen an, der einfach in einer Kaffeemühle zerkleinert wird, ähnlich wie bei der Propolis. Pulverisierter Pollen hat den Vorteil, daß er vom menschlichen Körper besser aufgenommen werden kann, da die harte Schale der Körner zum Teil zertrümmert wird und die Inhaltsstoffe auf diese Weise besser zugänglich sind. Bei diesem Vorgang besteht aber die Gefahr, daß der Pollen durch die Reibungswärme Schaden erleidet. Höschenpollen kann vom Körper nur aufgeschlossen werden, indem die Magensäfte in die Befruchtungsöffnung eindringen, da die Außenschale zu hart ist.

Honig mit Blütenpollen

Die aufwendigere Art, Pollen zu verarbeiten, ist, ihn in Honig einzurühren. Werden einige Kilogramm Pollen im Jahr erzeugt, sollte Honig mit Blütenpollen auch zu Ihren Erzeugnissen gehören! Einen Teil des Blütenpollens pulverisieren Sie und rühren ihn in den auserwählten Blütenhonig ein. Am besten mischen sich die beiden Produkte, wenn der Pollen von Anfang an bei der Erzeugung von Cremehonig beigegeben wird. Die Rührdauer beläuft sich auf dieselbe Zeit wie bei der Cremehonigbereitung. Durch die frühe Zugabe des Pollens hat man letztendlich eine kompakte Masse, die sich bei kühler Lagerung nicht mehr trennen kann. Wird in fertigen Cremehonig mit einem

Handmixer Pollen eingerührt, steigt der Pollen innerhalb kürzester Zeit auf und beginnt in den meisten Fällen zu gären. 10 % Pollen sind der Höchstanteil, der dem Honig zugegeben werden kann. Frischer Pollen darf nicht in Honig eingerührt werden, da er zuviel Wassergehalt aufweist und den Honig zum Gären bringen würde.

Honig mit Blütenpollen und Propolis

1.000 g	*Blütenhonig*	*50 g*	*Propolis*
50 g	*Blütenpollen*		

Der Blütenpollen und die Propolis werden in einer Kaffeemühle fein gemahlen. Den Cremehonig etwas erwärmen, die beiden Produkte in einer Schüssel einrühren und in Gläser abfüllen. Im Kühlschrank lagern, da sich sonst Propolis und Pollen vom Honig absetzen und nach oben steigen. Bei größeren Mengen sollte ein Cremehonigrührgerät verwendet und gleich wie bei der Mischung von Honig mit Blütenpollen vorgegangen werden.

Wie wird Pollen eingenommen?

Gegenüber der Einnahme von Propolis wird der Genuß von Pollen für die meisten Menschen als angenehm empfunden, da er eher süßlich schmeckt und in Verbindung mit verschiedenen Nahrungsmitteln vorzüglich munden kann. Ein Teelöffel täglich reicht aus, um eine dementsprechende Nahrungsergänzung zu haben. Am wirksamsten ist die Einnahme von Pollen vor jeder größeren Mahlzeit, da er dazu beiträgt, daß die Nahrung vom Körper besser verarbeitet wird. Kindern kann man ungefähr die Hälfte der Erwachsenendosis verabreichen, das sind ca. 10 g. Wird Pollen auf nüchternen Magen eingenommen, kann es zu Magenbeschwerden kommen. Blütenpollen kann in folgenden Variationen eingenommen werden:

- Täglich einen Teelöffel Höschenpollen vor einer Hauptmahlzeit einnehmen.
- Einen Teelöffel Höschenpollen oder pulverisierten Pollen in Fruchtjoghurt einrühren, 15 Minuten stehen lassen, damit sich der Pollen auflöst, und gut verrühren.
- Pollen in Milch, Milchshakes oder Fruchtsäften auflösen.
- Pollen kann auch Müslis oder Obstsalaten beigegeben werden.
- Pollen direkt auf das Butterbrot aufstreichen.
- Ein Teelöffel Honig mit Pollen pur, als Brotaufstrich, in Joghurt, Müsli oder Tee, auf 35 ° C abgekühlt.
- Pollen wird auch in Kapselform angeboten.

> Pollen darf niemals überhitzt werden, sonst verliert er seine Wirkstoffe. Er sollte auch nicht zu lange warm bei Zimmertemperatur gelagert werden.

Pollen-Milch-Honig-Shake

Künstliche Milchsäuregärung von Blütenpollen

Sammelt man nur Höschenpollen und nicht Bienenbrot, hat man trotzdem die Möglichkeit, Bienenbrot selbst zu erzeugen. Dabei muß man denselben Vorgang, der sich im Bienenvolk abspielt, künstlich nachahmen. Bemüht sich jedoch der Imker während der Saison, kann viel wertvolleres Bienenbrot, von Bienen erzeugt, geerntet werden. Milchgesäuerter Blütenpollen wird folgendermaßen hergestellt:

Zusammensetzung

1.000 g	*getrockneter Pollen*
150 g	*Honig*
300 g	*Wasser*
2 cl	*Molke oder eine kleine Menge rechtsdrehende gefriergetrocknete Milchsäure*

Wasser wird zusammen mit Honig aufgekocht. Damit sind fremde Bakterien und Hefen abgetötet. Abkühlen lassen.

Pollen mit der Honiglösung verrühren und 2 Stunden ruhen lassen.

Einen Teil der Honiglösung abzweigen und die Starterbakterien in der lauwarmen Lösung eine halbe Stunde vor Gebrauch ansetzen.

Stampfmasse in ein dicht schließendes Glas (Einmachgläser) einfüllen und Starterkultur Schicht für Schicht beigeben und festdrücken. An der Oberfläche der Pollenmasse sollten 5 cm bis zum Deckel frei bleiben, damit sich die Milchsäurebakterien voll entfalten können.

Bei Bienenstocktemperatur von 35 °C 3 Tage lichtgeschützt lagern. Die Milchsäurebakterien gewinnen in dieser Zeit die Überzahl, und die Vermehrung von Fäulnis- und Buttersäurebakterien kommt zum Stillstand.

Weitere 14 Tage sollte der Pollen bei Zimmertemperatur dunkel aufbewahrt werden, denn erst jetzt erzeugen die Bakterien die wichtige Milchsäure.
Verarbeitung in Cremehonig
Kühle Lagerung

Bienenbrot

Was ist Bienenbrot?

Als Bienenbrot bezeichnet man den Pollen, der von den Bienen in den Wabenzellen für die Brutversorgung gespeichert und fermentiert wird. Der von den Bienen gesammelte Pollen wäre außerhalb des Volkes nicht lange haltbar, da er viel Wasser enthält und innerhalb kürzester Zeit zu schimmeln beginnen würde. Daher bringt die Biene den Pollen in den Bienenstock und stampft ihn mit dem Kopf in der Wabenzelle ein. Durch die Komprimierung des Pollenvorrates und der Stockwärme von 35 °C macht der Pollen eine bakterielle Milchsäuregärung durch, so daß Hefezellen und Fäulnisbakterien keine Chance haben, zu überleben, weil die Sauerstoffzufuhr gestoppt wird. Bei der Milchsäuregärung entsteht nämlich Kohlendioxyd. Durch den bakteriellen Gärungsprozeß wird der Wassergehalt stark reduziert, und der Pollen verliert seine Keimfähigkeit und ist haltbar. Milchgesäuerter Pollen ist biologisch aufgeschlossen und für den menschlichen Körper leicht verdaulich. Die Milchsäure begünstigt die Darmflora, fördert den Leberstoffwechsel und erhält das Stoffwechselgleichgewicht.

Bienenbrot kann man ab der Obstblüte die ganze Saison hindurch sammeln. Um den Bienen keinen ernsthaften Schaden zuzufügen, sollte man aber die Ernte mit Maß und Ziel betreiben. Grundvoraussetzung ist allerdings, daß die Bienen das ganze Bienenjahr hindurch immer wieder ausreichende Pollentrachten vorfinden.

Gewinnung von Bienenbrot

Es gibt verschiedene Arten, um Bienenbrot zu sammeln. Eine beschwerlichere Variante ist das Sammeln mit dem Pollenheber, wobei hier von jeder einzelnen Zelle der Pollen gezogen wird.

Pollenbretter in Jungfernwaben

Eine durchaus effektive Methode ist die Herausnahme von einzelnen Pollenbrettern im Jahresablauf. Bei starken Pollentrachten, wie beispielsweise bei der Edelkastanie, kann man ohne weiteres zwei Pollenwaben aus dem Volk entfernen, da hier in rauhen Mengen Pollen gesammelt werden und das Bienenvolk dadurch keinen Schaden erleiden kann. Achten Sie darauf, daß es sich um Jungfernwaben (unbebrütete Waben) handelt, da bei der Vermengung von Bienenbrot mit Honig dunkles Wachs kein gutes Bild machen würde. Überdies könnten bebrütete Waben schon einer Varroabehandlung unterzogen sein und man daher mit Jungfernwaben den richtigen Weg geht. Nach der Ernte dieser Waben sollte sofort mit der Verarbeitung des Bienenbrotes begonnen werden, ansonst friert man die Waben ordnungsgemäß verpackt ein. Sobald das Bienenbrot außerhalb des Stockes gelangt, kann es von Schädlingen befallen werden (Pollenmilbe, Wachsmotten), bei zu feuchter Lagerung zu schimmeln beginnen oder aber auch verschiedene Gerüche aufnehmen, die sich auf das Endprodukt sicherlich nicht gut auswirken. Die richtige Ernte erfolgt so, daß die Wachszellen bis auf den Pollen eingekürzt werden und dann mit einer Spachtel das Bienenbrot bis auf die Mittelwand herausgenommen wird. Nach der Ernte können unversehrte Waben ohne weiteres wieder in die Völker zurückgehängt werden.

Pollenwaben unter Absperrgitter
Bei dieser Methode werden ausgebaute Jungfernwaben in einer Zarge unter dem Absperrgitter auf das Bodenbrett gesetzt. Mit Pollen beladene Bienen klettern durch das Flugloch, steigen die Waben hinauf Richtung Brut, aber gehen nicht sehr gerne mit dem Pollen durchs Absperrgitter, da sie wissen, daß sie einen Teil ihres wertvollen Gutes verlieren könnten. Deshalb lagern sie den Pollen in den jungen Waben unter dem Absperrgitter ein. Gerade in der Flachzargenbetriebsweise bietet sich das niedrige Wabenmaß ideal für diese Methode an, und die Waben werden bis unten hin mit Pollen vollgefüllt.

Honig mit Blütenpollen oder Bienenbrot

Zuerst wird der Blütenpollen in einer Kaffeemühle fein gemahlen. Grundsätzlich ist es sehr wichtig, den Blütenpollen oder das Bienenbrot bei der Cremehonigbereitung miteinzubeziehen. Gleich nachdem das Rührgerät mit Honig befüllt worden ist, gibt man auch den Pollen dazu. Nur so hat man die Gewähr, daß der Pollen miteingebunden wird und das Ganze eine kompakte Masse ergibt. Der Pollen wird ganz fein, so wie die Kristalle vom Honig, zerrieben, so mischt er sich optimal. Die Obergrenze des Pollenanteils, den man zugibt, sollte höchstens 10 % betragen.

Mischt man zum Beispiel ein 1 kg Glas Cremehonig im nachhinein mit 100 g Blütenpollen, so ist gewiß, daß sich die beiden Produkte wieder trennen. Der Pollen steigt auf, und die Oberschicht beginnt zu gären. Im Kühlschrank gelagert, fängt das Produkt zwar nicht zu gären an, aber Honig und Pollen trennen sich trotzdem, nur langsamer.

Alkoholischer Auszug von Bienenbrot

400 g	*96%iger Weingeist*
100 g	*Bienenbrot*

In einem Glas werden Weingeist und Bienenbrot zusammengemischt. Um eine starke Lösung zu erhalten, ist es wie auch bei einem Propolisansatz von Vorteil, das Ganze oftmals zu schütteln. Nach zehn Tagen ist die Bienenbrotlösung fertig und kann durch ein Leinentuch abgeseiht und das Bienenbrot ausgedrückt werden. Die Bienenbrottinktur ist ebenso wie die Propolislösung sehr lange lagerbar.

Als zusätzliche Bereicherung können dem Alkohol noch 50 g gemahlene Propolis beigegeben werden. Dabei setzt man die Lösung allerdings einen Monat lange an, damit die Propolis ausgelaugt wird.

Kennzeichnung

Etikettierung im Sinne der LMKV und der Nahrungsergänzungsverordnung bei Blütenpollen.

Auf dem Glas

Blütenpollen – ein Produkt aus dem Bienenvolk

Mindestens haltbar bis: 31. 12. 200 .* (oder: siehe Karton)

125 g / 250 g

Auf dem Karton

Blütenpollen, Nahrungsergänzungsmittel – Ein Produkt aus dem Bienenvolk

Erzeuger: Franz Mustermann, Mustergasse 1, A-8888 Musterdorf

Mindestens haltbar bis: 31. 12. 200 .* (je nach Trocknung von 3 bis 12 Monaten)

5x täglich einen Teelöffel einnehmen!

Die empfohlene Tagesmenge 25 g soll nicht überschritten werden!

Nahrungsergänzungsmittel sind kein Ersatz für eine ausgewogene Ernährung!

Bitte außerhalb der Reichweite von kleinen Kindern lagern!

Lagerung: Lichtgeschützt, kühl und trocken

* Ein Los ist dann anzugeben, wenn das MHD nur nach Monat und Jahr angegeben wird.

GELÉE ROYALE

Die meisten Imker lehnen es ab, den königlichen Futtersaft zu gewinnen, da dies eine sehr mühevolle Arbeit ist. Da man den Betrieb auf Königinnenzucht aufbauen muß, sollte man sich nur auf die Gelée-Royale-Produktion konzentrieren, ansonsten entnimmt man meist zur Schwarmzeit aus schwarmlustigen Völkern Gelée Royale und verwendet es für sich selbst oder nimmt es für die Königinnenzucht („nasses Umlarven").

Wie entsteht der königliche Futtersaft?

Der Königinnenfuttersaft wird von jungen Bienen erzeugt, den sogenannten Ammenbienen, die maximal 5–12 Tage alt sind. Gelée Royale stammt von einer Oberkieferdrüse der Ammenbienen und wird den Bienenlarven in reiner Form in den ersten zwei Lebenstagen bzw. der heranreifenden Königin bis zum Schlüpfen verabreicht. Die Bienen bekommen zusätzlich ab dem dritten Larvenlebenstag einen Honigpollenbrei. Bekanntlich stammen ja die Arbeitsbiene und die Weisel aus identen Eiern. Nur durch die unterschiedliche Fütterung – Gelée Royale bzw. Honigpollenbrei – entwickelt sich daraus entweder die Arbeitsbiene oder die Königin. Letztere wird das ganze Leben hindurch vom Hofstaat mit Gelée Royale gefüttert, worauf auch die hohe Lebenserwartung von bis zu 6 Jahren oder mehr zurückzuführen ist. Man kann es sich fast nicht vorstellen, daß eine Königin täglich etwa 2.000 Eier legt, dies entspricht etwas mehr als dem Doppelten ihres Eigengewichtes.

Die wichtigsten Inhaltsstoffe von Gelée Royale

Der Weiselfuttersaft hat je nach Alter in der Weiselzelle eine weiße bzw. blaßgelbe, perlmuttartige Farbe und einen sehr strengen bitteren Geschmack, der nicht jedermanns Sache ist. Daher wird er auch in anderen Produkten nur in geringer Menge verarbeitet. Gelée Royale besteht etwa zu zwei Dritteln aus Wasser, der Rest enthält alle wichtigen biologischen Stoffe, die zur Erhaltung der menschlichen Gesundheit zuträglich sind, wie Kohlenhydrate, Eiweißsubstanzen und essentielle Aminosäuren, Enzyme, Sterole, natürliche Farbstoffe, antibiotische Wirkstoffe, Mineralstoffe, Spurenelemente, ungesättigte Fettsäuren, eine ganze Reihe von Vitaminen sowie Gelatine. Außerdem enthält Gelée Royale noch weibliche Hormone. Im Gegensatz

Eine volle Ladung Gelée Royale in einer Weiselzelle

dazu haben rumänische Forscher das „Apinarnil" entdeckt, das nach einem rumänischen Imker benannt wurde. Dabei handelt es sich um einen Stoff, der aus Drohnenlarven gewonnen wird und männliche Hormone beinhaltet. Diesem Produkt wird eine potenzsteigernde Wirkung nachgesagt.

Die Gewinnung von Gelée Royale

Voraussetzungen für eine erfolgreiche Pflege der Weiselzellen

- Man wählt für die Aufzucht Völker, die bei den einzelnen Revisionen überreiche Futtersaftversorgung der Brut anzeigen.
- Das äußerliche Nährstoffangebot muß passen.
- Man sollte auf die richtige Volksstärke achten.
- Es sollten immer genügend Ammenbienen vorhanden sein.

Welche Art von Weiselnäpfchen bevorzugen Sie?

Allein schon in der üblichen Königinnenzucht stellt sich die Frage, ob man Kunststoffnäpfchen oder die noch immer aus reinem Bienenwachs mit einem Formholz hergestellten Zellen verwenden soll. Ich verwendete in den letzten Jahren französische Kunststoffnäpfchen und habe jetzt wegen seiner Einfachheit zum Nicot-Zuchtsystem übergewechselt, weil es in der Königinnenzucht große Vorteile bringt. Mit der Zeit kommt man in der Königinnenzucht selbst darauf, welche Art von Zellen sich bewähren und von den Bienen gut akzeptiert werden.

Das Umlarven

Ich bevorzuge das sogenannte „nasse Umlarven", das heißt, daß mit Hilfe eines Pinsels in jede Weiselzelle ein Tröpfchen Gelée Royale am Zellboden eingebracht wird. Danach sollten rasch die Larven von einer Zuchtwabe eingebracht werden, um das Austrocknen des Futtersaftes bei heißem Wetter zu verhindern. Beim Umlarven verwende ich einen Schweizer Umlarvlöffel, der die richtigen Biegungen für die Entnahme der Larven aufweist.

Es gibt in der Königinnenzucht die verschiedensten Pflegeverfahren

Zucht im weiselrichtigen Volk
Hierbei wird die Königin in den Bruträumen unter ein Absperrgitter gesperrt, wo sie noch genug Zellen zum Legen vorfindet. Mindestens eine Einheit mit auslaufender

Brut oder Honig kommt darüber, damit sich die Bienen im 3. Raum, im Pflegeraum, wo sich genügend offene Brut mit den wichtigen darauf sitzenden Ammenbienen weisellos fühlen. Dadurch wird die Annahme der eingesetzten Weiselzellen gesteigert. In die Mitte der Pflegezarge kommt der umgelarvte Zuchtrahmen. In der Aufwärtsentwicklung der Völker kann man die Zucht im weiselrichtigen Volk ohne Vorbrüter betreiben, aber danach ist dieser unerläßlich.

Zucht im Neun-Tage-weiselbeschränkten Volk

Bei dieser Methode wird die Königin von der offenen Brut neun Tage lang durch ein Absperrgitter getrennt. Danach hat man die Gewähr, daß die Brutwaben verdeckelt sind. Dann entnimmt man die Königin samt der offenen Brut und schüttelt alle ansässigen Bienen in das verbleibende weisellose Volk mit den verdeckelten Brutwaben. In dieses Pflegevolk kann man ein bis zwei Zuchtlatten einbringen. Alle zweieinhalb Tage setzt man eine neue Serie an und kann bis zu zehn Serien bebrüten lassen. Bei dieser Pflegeart muß man die Zuchträhmchen nicht unbedingt in Vorbrüter geben.

Der Vorbrüter

Es handelt sich hier um einen Fünf-Waben-Kasten, der mit einer Pollenwabe, zwei Futterwaben, einer Wasserwabe und einer Wabe mit verdeckelter Brut bestückt wird. Hier kommen je nach Kastenhöhe und Rähmchenmaß 1,5 bis 2 kg Ammenbienen von offenen Brutwaben dazu. Der Kunstschwarm sollte aber nicht zu stark erstellt werden, da Verbrausungsgefahr besteht. Unter dem Deckel befindet sich ein Rahmen mit den belarvten Zuchtzellen. In unserem Fall 62 Stück. Der Anbrüter wird einen Tag in Dunkelhaft gestellt, wobei er mit Sicherheit 80 % der Zellen annimmt. Diese werden dann in weiselrichtige Völker oder entsprechende Endpfleger umgehängt.

Zucht im Pflegeableger

Bei der Zucht im Pflegeableger erstellt man einen starken Ableger mit verdeckelten Brutwaben samt ansässigen Bienen und schüttelt dazu noch die Pflegebienen von weiteren offenen Brutwaben. In der Mitte wird eine Wabengasse für den Zuchtrahmen freigelassen. Mit dem Vorbrüter kombiniert, ist der Erfolg sehr gut.

Es gibt noch eine ganze Reihe von Pflegeverfahren in der Zucht, aber für die Gelée-Royale-Produktion wären dies die sinnvollsten und erfolgversprechendsten Methoden.

Die Ernte

Das Gelée Royale wird am dritten Tag des Larvenstadiums geerntet. Dabei entfernt man die königliche Larve mit einem gröberen Umlarvlöffel aus der Weiselzelle. Dann saugt man den Futtersaft mit einer Pipette ab und gibt ihn in ein dunkles Glas, da Gelée Royale sehr lichtempfindlich ist. Man kann Gelée Royale auch mit Hilfe eines

„Nasses Umlarven" mit Gelée Royale

Umlarven: Die Larve wird vorsichtig übersiedelt

Errichtung eines Vorbrüters

Eine erfolgreiche Annahme der Weiselzellen

Löffelchens ernten. Handelt es sich um Wachsweiselzellen, hat man die Möglichkeit, den Saft herauszudrücken und in ein dunkles Glas einzufüllen. Großbetriebe haben eine Methode entwickelt, mit der die Zellen zentrifugiert werden. Nachdem sich in einer Zelle 0,3 g Gelée Royale befinden, kann man sich vorstellen, wieviel Arbeit es macht, den wertvollen Königinnenfuttersaft für den Verkauf herzustellen.

Die Zucht im Pflegeableger

Die Lagerung

Gelée Royale hat einen hohen Säuregehalt und ist an und für sich gut lagerbar. Es sollte jedoch unbedingt im Kühlschrank oder tiefgefroren in dunklen Behältern aufbewahrt werden. 5 °C wären die richtige Lagertemperatur. Betriebe, die größere Mengen Gelée Royale verarbeiten, machen den Saft durch Gefriertrocknung bei –50 °C unter Vakuum haltbar. Hierbei entstehen Plättchen, die sehr lange lagerbar sind, ohne wichtige Stoffe zu verlieren. Meine Erfahrung zeigte, daß sich ein für die Dauer eines Jahres tiefgefrorener Königinnenfuttersaft zur Aufzucht von Königinnen noch immer eignete.

Die Verarbeitung

Gelée Royale wird vom Imker in einfacher Form dargeboten. In Drogerien oder Apotheken wird es in Form von Dragees oder Kapseln bzw. auch als Injektionen und Trinkampullen angepriesen. In den Dragees, Kapseln und Trinkampullen sind meist noch andere Produkte, wie Pollen, Honig oder Vitamine und sonstige Wirkstoffe, enthalten. In der kosmetischen Industrie wird Gelée Royale besonders in Cremes, Salben, Lotionen und ätherischen Ölen verarbeitet. Der Nachteil dabei ist, daß der Futtersaft zumeist künstlich hergestellt wird.

Blütenhonig mit Gelée Royale

1.000 g	*Blütenhonig*	*30 g*	*Gelée Royale*

Honig in eine Schüssel geben. Dann das Gelée Royale einrühren und die Masse in kleinere Gebinde abfüllen. Stellt man größere Mengen Gelée Royale her, verwendet man natürlich das Cremehonigrührgerät, um die beiden Produkte zu vermengen.

Ölhonig

200 g	*Honig mit Pollen*	*1 TL*	*Weizenkeimöl*
5 g	*Gelée Royale*	*1 TL*	*Nußöl*
10 ml	*Propolislösung*	*1 TL*	*Avocadoöl*
6 Tropfen	*Lavendelöl*		

Pollenhonig auf ca. 30 °C erwärmen. Gelée Royale, Propolislösung und Öle vermengen und in den Honig mit Blütenpollen einrühren. Den fertigen Ölhonig, solange er warm ist, in dunkle Gläser abfüllen und kühl lagern.

Dieses Produkt wirkt sehr gut auf alternde Haut und Hautdefekte.

Nahrungsergänzungen

Rezept 1

55 %	*flüssiger Blütenhonig*	*3 %*	*Propolislösung*
35 %	*Blütenpollen*	*2 %*	*Eukalyptusöl*
5 %	*Gelée Royale*		

Honig erwärmen, pulverisierten Pollen und die anderen Zutaten beigeben. Im Kühlschrank aufbewahren. Zur Nahrungsergänzung nehme man einen halben Teelöffel vor jeder Mahlzeit.

Rezept 2

70 %	*flüssiger Honig*	*10 %*	*Weizenkeimextrakt*
12 %	*80%iger Alkohol*	*5–10 %*	*Gelée Royale*

Zutaten verrühren und in dunklen Gläsern im Kühlschrank aufbewahren.

Rezept 3

10 g	*Bienenwachs*	*5 g*	*Gelée Royale*
6 EL	*Akazienhonig*	*20*	*Tropfen Propolislösung*

Das Bienenwachs wird in einem Wasserbad geschmolzen. Dann läßt man das Wachs etwas abkühlen und rührt mit einem Handmixer den Honig ein. Das Gelée Royale und die Propolis mischt man extra zusammen und gibt sie dann dem Honig-Wachs-Gemisch bei. Diese Spezialmixtur regt die Durchblutung an und wirkt gut auf alternde Haut.

Augentropfen oder Mund-/Rachenspray

Gelée Royale wird mit destilliertem sterilem Wasser im Verhältnis 2 : 98 vermischt. Diese Mischung muß unbedingt im Kühlschrank gelagert werden.

Kennzeichnung

Gelée Royale – ein Produkt aus dem Bienenvolk oder „Gelée Royale tiefgekühlt"

Mindestens haltbar bis: 31. 12. 200 . * (oder: siehe Karton)

2 g / 20 g

Auf dem Karton

Gelée Royale, Nahrungsergänzungsmittel – ein Produkt aus dem Bienenvolk

Erzeuger: Franz Mustermann, Mustergasse 1, A-8888 Musterdorf

Bei Produkten außerhalb der EU: Angabe des Ursprungslandes.

Mindestens haltbar bis: 31. 12. 200 . (je nachdem ob Frischware oder gefrorene Ware)*

Einnahmeempfehlung: Bei Phiolen, Blisterpackungen etc. nach Gebrauchsanweisung analog wie bei den anderen Produkten

Die empfohlene Tagesmenge von einem halben Teelöffel (2,5 g) soll nicht überschritten werden!

Nahrungsergänzungsmittel sind kein Ersatz für eine ausgewogene Ernährung!

Bitte außerhalb der Reichweite von kleinen Kindern lagern!

Lagerung: Lichtgeschützt, gekühlt bei 2–4 °C, tiefgefrorene Ware bei –18 °C

Bei Tiefkühlware: Aufgetaute Ware darf nicht wieder eingefroren werden.

Bei Tiefkühlware: „im +-Fach x Tage lagerfähig, im ++-Fach y Wochen lagerfähig, im +++-Fach bis zum angegebenen MHD".

* Ein Los ist dann anzugeben, wenn das MHD nur nach Monat und Jahr angegeben wird.

BIENENWACHS

Wic crzeugt die Biene das Wachs?

Die Biene besitzt auf der Bauchseite des Hinterleibes vier paarig angeordnete Wachsspiegel, womit sie bei guten Trachtverhältnissen Wachs produziert. Sie schwitzt das Bienenwachs in flüssiger Form aus, das in Verbindung mit Luft zu kleinen Plättchen erstarrt. Die Wachsproduktion ist bei 13–18 Tagen alten Bienen am höchsten. Sie bilden eine sogenannte Bautraube, bei der die Bienen sich aneinanderketten, Wachs schwitzen und durch Kneten, Kauen und Formen ein neuer Bau entsteht.

Wir wissen, daß ein Bienenvolk bei guter Tracht imstande ist, eine Flachzargeneinheit mit Mittelwänden innerhalb von 24 Stunden auszubauen und sofort den Honig in den Zellen einzulagern. Ein Teil des Wachses der Mittelwände wird bearbeitet und zu Zellen geformt. Den Rest des benötigten Wachses für den Zellenaufbau schwitzen die Bienen selbst aus. Interessanterweise halten sich die Bienen nicht immer an die Spielregeln des Imkers, der ihnen die Mittelwände mit Arbeiterinnenbau vorsetzt, und bauen meist in den Randbereichen Drohnenzellen ein. Sollte dies im zentralen Bereich der Waben passieren, dann fehlt den Bienen meist die Möglichkeit, ihre Anzahl an Drohnenzellen zu produzieren. Der Fehler liegt darin, daß der Imker zu wenig Baurahmen in die Bruträume gibt und somit die frischen Mittelwände verunstaltet werden. Hat das Volk ein hohes Bodenbrett und zwei Baurahmen zur Verfügung, kann es genügend Drohnen erzeugen, und die Mittelwände werden zu schönen Jungfernwaben mit Arbeiterinnenzellen ausgebaut.

Gewinnung von Bienenwachs mit geringen Rückständen

Seit 1982 gibt es in Österreich die Varroamilbe. Aus diesem Grund wurden in den letzten beiden Jahrzehnten Varroazide eingesetzt, die sich im Bienenwachs festsetzten. Nachdem das Bienenwachs aus Palmitinsäureester (86 %) und Cerotinsäure (14 %), das sind Fettsäuren, besteht, setzten sich die Behandlungsmittel fest und reduzierten sich im Laufe der Jahre nur geringfügig. Hat sich der Imker an die zugelassenen Mittel und Mengen gehalten, wird er mit seinen Produkten kaum Schwierigkeiten bekommen. Trotzdem sollte er selbst trachten, daß möglichst schonende Behandlungsmittel zum Einsatz gelangen, die keine Rückstände verursachen, und seine Völker nur im Notfall behandeln. Das wichtigste ist, daß man häufig Befallskontrollen durchführt, um auf dem aktuellen Varroastand pro Volk zu gelangen. Ich glaube nicht, daß es viel Sinn macht, Wachs aus fernen Ländern zu importieren, das angeblich rein und unbelastet sein soll. Wir haben schon genügend Probleme mit der Varroamilbe und sollten danach trachten, nicht noch andere Krankheiten dazuzubekommen, die sich vielleicht im importierten Wachs verbergen und womöglich hohen Temperaturen standhalten.

Wir können die Rückstände selbst reduzieren und mit der Zeit aus dem Weg schaffen, indem wir beim Schmelzen das Wachs von noch belasteten Waben und das Entdeckelungswachs trennen. Das Wachs der Waben wird der Kerzenproduktion zugeführt und das Entdeckelungswachs zu Mittelwänden verarbeitet, die dann wieder in die Bienenvölker kommen. Dies funktioniert aber nur dann, wenn man einen Wachs- oder Gemeinschaftsschmelzer hat und die Mittelwände selbst herstellen kann. Manche Wachsverarbeitungsbetriebe haben sich darauf spezialisiert, Wachs vom einzelnen Imker gesondert zu verarbeiten, wobei man hier Gefahr läuft, daß das eigene Wachs mit Behandlungsmitteln kontaminiert werden kann, die man nie eingesetzt hat – eine Folge des großen Umlaufes an Bienenwachs in den Schmelzbehältern.
Das Wachs fällt bei unterschiedlichen Arbeiten an.

Dreijähriger Wabenumtrieb

Wir bevorzugen in unserer Imkerei das Flachzargenmaß, womit es sehr einfach ist, sehr viele Mittelwände in der Saison ausbauen zu lassen. Nachdem wir viele Blütentrachten, teilweise durch Wanderung und auch auf Fixständen, vorfinden, wobei das ganze Bienenjahr hindurch gute Trachtverhältnisse herrschen, geben wir den Bienen bis zu 30 Mittelwände pro Volk zum Bauen. Somit können wir jedes Jahr alle bebrüteten Rähmchen, wobei natürlich die Brut ausgelaufen sein muß, ausscheiden und ausschmelzen. Das bringt den großen Vorteil, bei ordentlicher Aufbewahrung der unbebrüteten Jungfernwaben, der Wachsmotte zu entgehen. Die Rähmchen werden in den Zargen gelagert, wobei nur die Hälfte der möglichen Waben pro Zarge eingehängt und jeweils eine Rähmchenbreite freigehalten wird. Die Zargen werden auf eine Palette gestellt und oben offen gehalten, damit sie gut durchlüftet werden. Die Fenster werden mit Fliegengittern versehen, damit man sie öffnen und die Temperatur möglichst niedrig halten kann.

Schmelzverfahren

Wichtig: Alle verwendeten Behälter für das Schmelzen sollten aus Edelstahl oder aus emailliertem Material bestehen, da sich sonst Metallteile lösen können und das Wachs dunkel gefärbt wird.

Der Sonnenwachsschmelzer

Der altbewährte Sonnenwachsschmelzer findet sich sicherlich in jeder kleineren Imkerei und hat in der Saison einen hohen Stellenwert, da man kleinere Wachsabfälle ausschmelzen kann. Wabenschmelzen bringt doch ein gewisses Problem mit sich, da die Nümphenhäutchen in den Zellen viel Wachs zurückhalten und man den abfallenden Trester nochmals auspressen sollte. Kurz erklärt, besteht der Sonnenwachsschmelzer meist aus einem Holzkasten, der innen mit einer Metallplatte ausgestattet ist, die abschüssig montiert ist. Unter der Metallplatte befindet sich meist Isoliermaterial, damit die Wärme nicht verlorengeht. Am Ende der Schmelzplatte steht eine Auffangwanne, in die man ein bißchen Wasser gibt, damit sich das Wachs beim Entnehmen löst. Der Deckel besteht aus zwei Glasplatten. Der Wachsschmelzer sollte natürlich immer der Sonne zugewendet werden, um eine ideale Hitze zu erreichen.

Der Elekrowachsschmelzer

Dieses Gerät unterscheidet sich vom Sonnenwachsschmelzer nur dadurch, daß es mit Strom beheizt wird. Unter der Schmelzplatte befinden sich Heizspiralen. Diese Art von Wachsschmelzer hat natürlich den Vorteil, ganzjährig, d.h. auch in den Wintermonaten und in Regenzeiten, verwendbar zu sein, verursacht aber auch Stromkosten.

Der Dampfwachsschmelzer

Es gibt hier Dampfwachsschmelzer, die mit Strom beheizt, und solche, die mit Gas betrieben werden. Dem mit Gas betriebenen Schmelzer ist der Vorzug zu geben, da mehr Hitze produziert und das Wachs damit schneller ausgeschmolzen wird. Unser

Der Dampfwachsschmelzer im Einsatz

Mit Hilfe der Preßspindel bekommt man noch einiges Wachs aus dem Trester

Dampfwachsschmelzer besteht aus zwei Behältern. Im größeren oberen Teil, der mit einem Deckel und Druckventil versehen ist, werden die Altwaben, Drohnenwaben oder Futterwaben von Völkern, die während des Winter abgestorben sind, auf einen Gittereinsatz gestellt. Waben auszuschneiden, wäre hier fehl am Platz, da die Waben beim Schmelzvorgang zusammenfallen und das Wachs nicht abfließen kann. Wenn man die Waben aufgestellt in den Behälter gibt, hat man außerdem den Vorteil, daß der Draht vollständig bestehen bleibt. Nach etwa 20 Minuten steigt der Wasserdampf aus dem Wassermantel des darunterliegenden Behälters auf, und das Wachs beginnt zu fließen. Es schmilzt bei 63–65 °C, rinnt durch den unteren Behälter durch einen Ablauf in einen vorbereiteten Kübel (5 cm mit Wasser gefüllt) ab und erstarrt. Der zweite Behälter besteht aus einem Wassermantel, der bei jeder zweiten Füllung mit Wasser gefüllt werden muß, und einem Innenteil, der mit einem Siebeinsatz ausgestattet ist. In diesen Einsatz fällt der Trester, der dann mit einer Preßspindel ausgedrückt wird. Bedecken Sie bei der ersten Befüllung den Boden des Gittereinsatzes mit Holzwolle oder kleiden Sie ihn mit einem Jutesack aus, damit der Trester das Gitter nicht verklebt und er sich beim Entleeren besser löst. Die Holzwolle kann immer wieder verwendet werden. Unter dem Wachsschmelzer steht der Gasbrenner, der für die nötige Hitze sorgt.

Wenn Sie mit Gas arbeiten, kann Brandgefahr entstehen, wenn das Wachs in die Flammen kommt, deshalb ist Vorsicht geboten!

Ein einfaches Schmelzverfahren, bei dem auch der Draht erhalten bleibt, ist das Schmelzen in einem Kessel mit kochendem Wasser. Hier wird jeweils eine Hälfte der Altwaben getaucht, bis das Wachs geschmolzen ist. Die ausgeschmolzenen Rähmchen bekommt man rein, indem man sie am Kesselrand ausklopft, wodurch der Rest abfällt. Das Schmelzgut, das an der Oberfläche schwimmt, wird mit einem Kübel herausgeschöpft und in einen Dampfwachsschmelzer mit einer Preßspindel geleert, damit das in den Nümphenhäutchen verborgene Wachs gewonnen werden kann. Hat man keine Preßspindel zur Verfügung, durchkämmt man das Schmelzgut mit einem Sieb und seiht so die Kokons ab. Das Wachs wird in einen Kübel abgeschöpft. Nach dem Erstarren wird es geklärt.

Wachs klären

Da das Wachs, wenn es aus diversen Schmelzern kommt, starke Verunreinigungen durch Trester und Honigeinschlüsse aufweist, muß es geklärt werden. Bei diesem Vorgang wird das Wachs in einem Edelstahl- oder emaillierten Gefäß mit Wasser im Verhältnis 10 Teile Wachs : 1 Teil Wasser gekocht. Nach dem Erhitzen wird das Wachs durch ein feines Gitter in ein konisches Gefäß geleert. Dieser Behälter kann ohneweiters eine Kunststoffkanne sein, die Temperaturen von 100 °C ohne zu schmelzen verträgt. Danach deckt man das Gefäß zu, damit das Wachs langsam auskühlen kann. Je langsamer dies geschieht, desto reiner wird das Wachs. Am nächsten Tag kann man den Wachsblock herausnehmen, indem man einfach das Gefäß stürzt, so daß der Block herausfällt. Dann nimmt man einen Stockmeißel oder einen Dreieckschaber und entfernt den weichen Schmutzsatz, der sich beim Klären gebildet hat, bis zum schönen reinen Wachs.

Die Farbe des Wachses ist abhängig von der jeweiligen Pollentracht. Wie Sie sicher schon bemerkt haben, erntet man bei der Akazienschleuderung und bei der Waldhonigernte weißes Entdeckelungswachs, da kaum Pollen eingetragen wird. Bei Raps und Sonnenblume hingegen erhält man gelbes Wachs. Das Wachs von Altwaben ist durch den hohen Pollengehalt oft dunkelgelb, eignet sich aber ideal für die Kerzenerzeugung. Dunkelbraunes Bienenwachs erhält man nur, wenn es sich um ungeeignete Behälter handelt oder das Wachs längere Zeit hindurch Temperaturen von über 150 °C ausgesetzt war. Will man, daß dieses Wachs wieder eine gelbe Farbe zurückgewinnt, muß man beim Aufkochen mit Wasser einen Schuß Schwefelsäure oder Zitronensäure beigeben. Dieses Wachs ist dann nur mehr für die Kerzenerzeugung geeignet.

Drohnenwabenschmelzen

Im Zuge der Varroareduktion mit Baurähmchen in den Bruträumen, wobei einfach leere Rähmchen ohne Draht eingehängt werden, kommen in der Saison sehr viele Drohnenwaben zusammen. Will man Drohnenwaben im Dampfwachsschmelzer schmelzen, halten die Maden zuviel Wachs zurück. Bevor man Drohnenwaben schmilzt, läßt man eine größere Anzahl von Waben zusammenkommen, die, wenn es möglich ist, im Gefrierschrank aufbewahrt werden, damit sie nicht zu schimmeln beginnen.

Beim Schmelzen gibt man einige ausgeschnittene Waben in einen größeren emaillierten Topf und gießt mit Wasser auf. Die Waben werden gekocht, wobei man unter ständigem Rühren aufpassen muß, daß das Schmelzgut nicht überkocht. Sind die Waben geschmolzen, wird das Wachs durch ein Sieb in ein konisches Gefäß geleert. Hierbei werden die Drohnenmaden ausgesiebt, die dann frei von Wachs und Honig sind und ohne weiteres an Hühner verfüttert werden können.

Entkeimen

Wenn Sie selbst Mittelwände erzeugen, ist es auf unkomplizierte Weise möglich, sporenbelastetes Material selbst zu entkeimen. Hierzu benötigt man nur einen geeigneten Topf, in den Reinwachs ohne Wasser gegeben wird. Das Wachs wird dann auf 140 °C aufgeheizt. Im Handel sind durchaus geeignete Thermometer erhältlich. Wenn Bienenwachs auf 140 °C erhitzt worden ist, braucht es ca. eine halbe Stunde, um auf 120 °C abzukühlen. In dieser Zeit werden auch die gefährlichen Faulbrutsporen abgetötet.

Mittelwanderzeugung

Nach dem Entkeimen läßt man das Wachs auf 80 °C abkühlen, damit man mit dem Mittelwandgießen beginnen kann und die Gußformen aus Silikonkautschuk keine Hitzeschäden erleiden.

Es gibt zwei Arten der Mittelwanderzeugung: gewalzte und gegossene Mittelwände.

Mittelwandgießanlagen

Die herkömmlichste und bislang einfachste Variante war es, Altwachs gegen Mittelwände einzutauschen oder in einem Wachsverarbeitungsbetrieb das eigene Wachs umarbeiten zu lassen. Früher verwendete man Gießanlagen, die aus Metall bestanden und bei denen die Prägungsplatten mit einem Lösungsmittel bestrichen wurden, damit sich die Mittelwände loslösten. Die vielen Rückstände an Varroabekämpfungsmitteln im Bienenwachs bewirken, daß viele Imker ihre Mittelwände zum Teil selbst oder gemeinschaftlich erzeugen und so dem Dilemma zu entgehen versuchen.

Dazu verwenden sie meist Silikonkautschukpressen, die auf ihr Wabenmaß abgestimmt sind. Diese Gießanlagen bestehen aus zwei Metallbehältern, durch die kaltes Wasser fließt, das das heiße eingegossene Wachs in der Presse zum Erstarren bringt. Auf der Innenseite befinden sich zwei Prägungsüberzüge aus Silikonkautschuk, die Arbeiterinnenzellen aufweisen. Es dauert ungefähr eine halbe Minute, bis eine Mittelwand fertig ist und vorsichtig herausgenommen werden kann. In zehn Stunden kann man rund 30 kg Mittelwände gießen. Wichtig ist, daß das Wasser die richtige Temperatur hat, der Wasserzulauf optimal eingestellt wird und das Wachs nicht zu heiß ist. Der Nachteil dieser Kautschukanlagen besteht darin, daß sich die Beschichtung nach ein paar Saisonen löst. Sie sollten daher beim Kauf darauf achten, daß Ihnen die Firma einige Jahre Garantie auf die Beschichtung gibt. Die Gießanlage ist für einen Hobbyimker ohnehin sehr teuer.

Mittelwandwalzen

In Wachsverarbeitungsbetrieben werden größtenteils Metallwalzlaufwerke mit einer Bandbreite von über 1 Meter verwendet. Die Mittelwandwalzen laufen durch ein Lösungsmittelbad, damit sich das Wachs löst. Von oben her wird das flüssige Wachs eingegossen und automatisch über die ganze Breite verteilt. Das Wachs erstarrt und läuft gleichzeitig durch die Prägungsrollen. Das fertige Mittelwandband wird dann maschinell zugeschnitten. So können Wachsverarbeitungsbetriebe ca. 300 kg Mittelwände pro Tag herstellen. Gewalzte Mittelwände haben den Vorteil, daß sie elastischer und gleichmäßiger in der Stärke sind als gegossene Mittelwände. Deshalb eignen sie sich besser für die Erzeugung von Kerzen.

Mittelwanderzeugung:
Reiner Wachslaib

Wachs in einem geeigneten Topf mit Thermostat auf 80 °C halten

Den richtigen Schöpfer für das Eingießen verwenden

Beim Zusammenpressen der Platten darauf achten, daß man solange drückt, daß keine Luft in die Mittelwand eingesogen wird

Fertige Mittelwand. Nach fünf Mittelwänden sollte das Wachs an der Vorderseite und seitlich der Platten entfernt werden

Zuschneiden auf die richtige Größe

Die Kerzenproduktion

Da der Imker bei einem ordentlichen Wabenumtrieb normalerweise einen Wachsüberschuß haben sollte, bietet sich ihm die Möglichkeit, Kerzen zu erzeugen oder sein Wachs in Cremen oder Polituren einzuarbeiten.

Es gibt zwei Arten der Kerzenerzeugung: aus Mittelwänden gerollte oder in Formen gegossene Kerzen.

Kerzen aus Mittelwänden

Unsere selbst hergestellten Mittelwände stammen aus einer Gießanlage und sind für die Kerzenproduktion nur verwendbar, wenn sie vorgewärmt werden oder noch warm aus der Gießanlage kommen. Die nötige Geschmeidigkeit erreicht man, indem man die Mittelwände in einem Wärmeschrank (Honigauftauschrank, Brutschrank oder auf dem Kachelofen) auf 35 °C erwärmt. Unsere Gießanlage hat das Dadantformat (448 x 286 mm), mit dem man eigentlich Mittelwände für alle gängigen Kerzengrößen herstellen kann. In unserem Betrieb werden Mittelwände und Kerzen ausschließlich aus reinem Bienenwachs erzeugt.

Bei der Kerzenherstellung nimmt man einen Teil der vorgewärmten Mittelwände und legt sie auf eine geeignete Platte, auf der man schneiden kann. Dann werden sie auf die gewählte Höhe zugeschnitten. Der bereits vorbereitete Docht mit der richtigen Stärke wird an einem Ende in die Mittelwand eingedrückt und zügig eingerollt. Hierbei beachte man, daß die Mittelwand 1–2mm nach oben gerollt wird, so daß man die richtige Abstufung erhält. Je nach Stärke der Kerze muß die eine oder andere Mittelwand angefügt werden. Will man Spiralkerzen rollen, wird die Mittelwand diagonal geschnitten.

Um spezielle Verzierungen auf der Kerze anzubringen, schneidet man entweder Streifen aus der Mittelwand oder drückt mit Keksbackformen Sterne, Herzen oder andere gewünschte Formen aus. Dann drückt man sie eng aneinander auf die Kerze, damit sie die richtige Form erhält. Solange diese Ausschnitte warm und weich sind, hat man die Gewähr, daß sie auf der Kerze haften bleiben.

Wir haben in den letzten Jahren aus Stumpenkerzen Christbäume aus Bienenwachs hergestellt, die von den Kunden sehr gut angenommen wurden. Dabei wird eine einfache Stumpenkerze gerollt, die achtmal von oben nach unten bis 3 cm oberhalb ihres Fußes eingeschnitten wird. Dann rollt man die einzelnen Locken nach unten, Runde für Runde. Die Kerze sollte zwischendurch immer wieder erwärmt werden, damit sie sich besser rollen läßt. Auf diese Weise entsteht ein schöner Christbaum aus Bienenwachs (siehe Bild).

Gegossene Kerzen und Figuren

Ich bevorzuge in unserer Imkerei Gußformen aus Silikonkautschuk, die in jedem Imkerfachgeschäft erhältlich sind. Es gibt hier eine ganze Reihe von Formen, die zwar relativ teuer sind, sich aber bei gutem Kerzenverkauf bezahlt machen. Möchte man Gußformen selbst herstellen, ergibt sich die Möglichkeit durch die Verwendung zweier Komponenten (Kautschuk und Härter). Das gewünschte Motiv wird in der Mitte einer Dose verkehrt eingehängt (siehe Bild). Um den Model herum müssen ungefähr 2 cm Wandstärke erhalten bleiben, damit die Gußform die nötige Stabilität erhält. Die beiden Komponenten werden zusammengemischt und damit die Dose um den Model ausgefüllt. Ist der Kautschuk erstarrt, nimmt man ihn aus der Dose, schneidet ihn auf einer Seite ein und entnimmt die Formvorlage. An der Unterseite schneidet man die nun entstandene Gußform bis zur Mitte ein, damit kommt der Docht immer an die richtige Position, und das Kerzengießen kann beginnen (siehe auch nächstes Kapitel).

Um ein effizienteres Kerzengießen zu garantieren, haben wir Dochthalterungen hergestellt. Beim Einspannen des Dochtes wird die Form umgelegt und der Docht bündig mit dem Boden abgeschlossen. Dann dreht man den Model um und schließt ihn mit geeigneten Gummiringen. Danach stellt man sie auf das Holzgerüst, spannt den Docht und befestigt ihn mit einer Wäschezwicke.

Es dauert je nach Kerzengröße und Raumtemperatur zwischen 5 und 30 Minuten, bis die Kerze erstarrt ist. Christbaumkerzen benötigen z.B. 5 Minuten, bis sie fest sind. Beim Herausnehmen der Kerze ist Vorsicht angebracht, damit die Konturen nicht beschädigt werden, wenn sie noch weich ist. Die Dochtspitze muß in Wachs getaucht werden, damit die Kerze problemlos brennt.

Versiegeln von Bienenwachskerzen

Kerzen aus Bienenwachs verlieren mit der Zeit ihre gelbe Farbe und werden weiß und bleich. Speziell in den Wintermonaten, wenn man sie auf Märkten zum Verkauf anbietet, sollte man sie versiegeln. Durch Kälteeinwirkung werden die Kerzen grau, was sie schimmelig aussehen läßt und für den Verkauf von großem Nachteil sein würde. Deshalb behandelt man sie mit Kerzenglanzlack. Stellt man kleinere Mengen Kerzen her, reicht es, wenn man sie mit einem Pinsel bestreicht. Bei größeren Mengen richtet man sich einen Kübel, füllt ihn mit Glanzlack und taucht die Kerzen darin. Dies sollte man aber nur mit gegossenen Kerzen machen, da sich bei gerollten Kerzen der Glanzlack zwischen den Mittelwänden festsetzt. Beim Tauchen nimmt man die gegossene Kerze beim Docht und taucht sie vollständig in den Lack. Dann stellt man sie auf einen Rost und läßt sie abtropfen. Zu frühes Tauchen sollten Sie vermeiden, denn wenn die Kerze noch weich ist, saugt sie den Lack auf, und dieser bietet außen keinen Schutz mehr. Dadurch, daß die Kerzen durch den Lack verschlossen sind, kommt ihr guter Duft erst wieder zur Geltung, wenn sie angezündet werden.

Kerzen aus Mittewänden

Zusammenrollen einer Stumpenkerze

Basteln eines „Christbaumes" oder Verzieren von Stumpenkerzen

Verzierte Stumpenkerzen aller Art

Gegossene Kerzen:
Einspannen des Dochtes

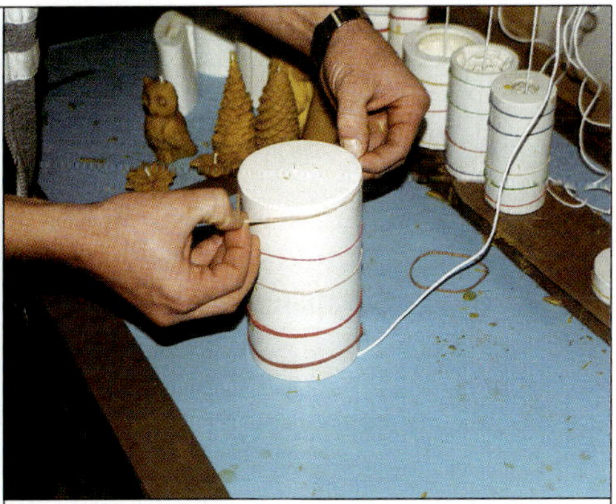

Zusammenschnüren der Gießformen mittels Gummiringen

Diese Vorrichtung für das Einspannen des Dochtes hat sich bestens bewährt

Einfüllen des Wachses, das auf 75 °C erwärmt wurde

Herausnehmen aus der Form

Die fertigen Kerzen sollte man in Kerzenglanzlack eintauchen

Die richtige Wahl des Dochtes

Wir verwenden in unserem Betrieb Runddochte, die aus Baumwolle geflochten sind. Bei der Kerzenproduktion muß man beachten, daß der Docht richtig mit dem „V", das sich im Flechtmuster zeigt, nach oben offen eingelegt wird, denn nur so wird die Kerze gut brennen. Die richtige Dochtstärke sollte man selbst ermitteln, indem man verschieden starke Kerzen abbrennen läßt. Hierzu gibt es allerdings Richtlinien, welche Dochte Sie bei welcher Kerzenstärke verwenden.

Stärke	1	bis 20 mm Durchmesser
	2	bis 30 mm
	3	bis 40 mm
	6	bis 50 mm
	10	ab 60 mm

Ist der Docht für die Kerze zu schwach, kann er das Wachs nicht verbrennen, und der Docht ertrinkt. Außerdem bleibt ein Wachsrand stehen.

Die Erzeugung von Silikonkautschuk-Gußformen

Benötigte Materialien

- Meßbecher
- Reiner Stab zum Umrühren
- Silikonkautschuk + Vernetzer
- Figuren, Bilder, Kerzen, nach denen die Gußform gegossen wird
- Heißklebepistole zum Abdichten
- Schalungen aus Holz oder Dosen zum Eingießen
- Glasplatte sowie eine ebene Arbeitsfläche

Die Produktion von Kautschukmodeln ist relativ einfach. Man braucht dazu keine Maschinen, nur muß man manche Dinge im Produktionsablauf beachten.

Verarbeitung

Herrichten der Schalung

Zuerst bereitet man sich eine Schalung vor, so daß der nachzugießende Model ausreichend Platz hat. Bei flachen Modeln, wie z.B. Wandbildern (betende Hände), erstellt man mit Hilfe von Holzleisten eine Schalung, die mit Doppelklebebändern oder Holzleim zusammengeklebt wird. Wichtig ist, daß um den Model herum mindestens 2 cm Wandstärke für den Silikonkautschuk bleiben. Die Schalung muß dementsprechend, z.B. mit einer Heißklebepistole, abgedichtet werden. Findet die Silikonkautschuk-Masse nur die kleinste Ritze, kann sie vollkommen austreten. Werden Figuren aus Holz, Glas, Porzellan, Keramik, Gips oder Wachs nachgegossen, benötigt man runde Schalungen. Hierzu eignen sich im Haushalt anfallende Dosen recht gut, die außen aus Kartonmaterial bestehen und innen mit Aluminium beschichtet sind. (Beim Ausschalen der Gußformen können sie leicht aufgeschnitten werden.) Die Figur oder nachzubildende Form wird nun, soweit es das Material erlaubt, am Boden der Dose eingeklebt oder angeschraubt. Beachten Sie immer, daß die Gußform eine Wandstärke von mindestens 2 cm aufweisen muß, damit die Stabilität gewährleistet ist.

Mischen von Silikonkautschuk und Vernetzer

In einen Meßbecher gibt man so viel Silikonkautschuk, daß es für die vorbereiteten Modeln reicht. Da Silikonkautschuk sehr teuer ist, sollte man zusätzlich einen Model herrichten, um überschüssiges Material unterzubringen. Nun versetzt man den Silikonkautschuk mit 10 % Vernetzerflüssigkeit und mischt die beiden Komponenten solange, bis man eine gleichmäßige Verteilung des Vernetzers erreicht hat. Das Einmischen sollte langsam von Hand erfolgen, damit so wenig wie möglich Luft mit eingemengt wird. Die verwendeten Arbeitsgeräte müssen sauber und trocken sein. Die Silikonkautschuk-Masse sollte innerhalb einer Stunde eingegossen werden. Sie wird nach dem Beimischen des Vernetzers zuerst dünner in ihrer Konsistenz und beginnt nach einer Stunde auszuhärten. Bis die Gußform richtig ausgehärtet ist, dauert es mehrere Tage.

Eingießen in die Schalungen

Es ist wichtig, die Silikonkautschuk-Masse langsam einzufüllen, damit keine Luftblasen eingeschlossen werden. Diese Arbeit sollte auf einer ebenen Fläche erfolgen, damit die Gußform einheitliche Maße annimmt.

Herausnehmen der Gießform

Je nach Vernetzermenge, die zugegeben wird, härten die Gußformen schneller oder langsamer aus. Bei der Zugabe von 10 % kann man die Gießform nach 24 Stunden herausnehmen. Sie sollte aber nicht mehr weich sowie klebefrei sein. Die Schalung wird nun vorsichtig aufgeschnitten, so daß die Gußform nicht verletzt wird. Dann schneidet man sie mit einem scharfen Messer bis zur Bodenmitte ein, damit der Kerzendocht eingespannt werden kann.

Die Gußform muß nun noch einige Tage ruhen, bis man das erste Mal Wachs eingießen kann.

Silikonkautschuk-Formen sind sehr kälte- und hitzebeständig, trotzdem sollte das Wachs nur mit 80 °C eingegossen werden, um die Lebensdauer der Gußformen zu verlängern.

Gießform aus Silikon

Errichten der Schalung und Abdichten mit der Heißklebepistole

Die Vorlage wird mit einer Schraube am Boden der Dose befestigt

Befüllen der Form mit Silikonkautschuk

Den Silikonkautschuk sowie den Vernetzer kann man von Silikonerzeugungsbetrieben oder über Baumärkte erwerben.

Achtung: Bei längerem Kontakt mit dem Vernetzer kann es zu Hautrötungen kommen. In diesem Fall ist die Haut gründlich mit Wasser und Seife zu waschen. Ein Kontakt mit Mund und Augen ist zu vermeiden. Überdies ist bei der Produktion für ausreichende Raumbelüftung zu sorgen.

Aufschneiden der Form

*Herstellen einer Gießform aus Sand und fertig ausgegossene **„Sandkerze“***

NATURKOSMETIK MIT BIENENPRODUKTEN

Bienenwachs wird vor allem in der kosmetischen Industrie verwendet. Ich möchte Ihnen einige Rezepte näherbringen, die für den Hausgebrauch Verwendung finden können.

Grundsätzliche Erklärung der Rohstoffe

Honig
Bienenhonig ist in der Kosmetik ein echter Alleskönner. Im Winter auf spröde Lippen aufgetragen, macht er die Haut weich. Durch seine reichhaltigen Inhaltsstoffe wirkt er besonders gut auf der Haut und wird in vielen Cremes verarbeitet.

Bienenwachs
Es eignet sich, um selbstgemachten Cremes die richtige Konsistenz zu verleihen, und hilft bei der Vermischung von Wasser und Öl.

Agar-Agar
Aus Algen wird ein Pulver hergestellt, das Sie für Badezusätze, Cremes und Packungen verwenden können.

Aloe Vera
Der Saft aus dieser Lilienart sorgt dafür, daß sich die Zellen schneller erneuern. Aloe Vera ist deshalb als Pflege-, aber auch als Heilmittel einsetzbar. Gerade wenn Sie zu trockener Haut neigen, eignet es sich für Sie.

Aprikosenkernöl
Dieses Öl ist eine wahre Wohltat für trockene, angegriffene Haut.

Avocadoöl
Vielleicht haben Sie schon davon gehört, daß diese Frucht nicht nur schmackhaft ist, sondern auch viel für Ihre Haut tun kann. Tatsächlich kann man sie scheibenweise auflegen oder ihr äußerst lange haltbares Öl verarbeiten.

Distelöl
Dieses vitaminreiche Öl enthält nützliche Fettsäuren. Sie können es deshalb in Ihre Pflegeprodukte einarbeiten oder auch pur als Hautöl verwenden.

Eukalyptusöl
Dieses Öl wird von den Blättern eines australischen Baumes gewonnen. Wir benutzen es bei Erkältungskrankheiten, für die Hautdurchblutung und gegen Cellulitis.

Jojobaöl
Dieses Fett ähnelt der menschlichen Haut, deshalb findet es auch für empfindliche Hauttypen Verwendung.

Kakaobutter
Kakaobutter ist nicht braun wie Schokolade, sondern erinnert eher an Seife und ist sehr lange haltbar.

Mandelöl
Das Öl der kalt gepreßten Süßmandel pflegt trockene Haut und ist vielfältig einsetzbar.

Olivenöl
Olivenöl ist nicht gleich Olivenöl. Zwar gibt es dabei große Qualitätsunterschiede, doch sollte es sowohl in der Küche als auch in der Kosmetik einen festen Platz finden.

Ringelblume
Calendula officinalis sollte man in jedem ordentlichen Garten anbauen, im Handel erhält man den Extrakt. Ringelblume wird zur Heilung der Haut bei der Bekämpfung von Fältchen und Orangenhaut eingesetzt.

Weizenkeimöl
Das Öl wirkt angenehm auf trockene Haut. Weizenkeimöl wird zur Behandlung von Cellulitis eingesetzt, ist aber nicht lange haltbar.

Carnaubawachs
Dieses Wachs ist extrem hart und schmilzt bei 85 °C. Es verleiht Kosmetikprodukten zuverlässigen Halt, selbst bei sommerlicher Hitze.

Hamamelis
Mischen Sie bei unreiner und schnell fettender Haut etwas Hamamelis in Ihre Creme.

Kamille
Sie gehört sicher zu den populärsten Heilpflanzen überhaupt. Sie hilft, die Haut zu klären, und kann sich in der Creme gut entfalten.

Zitrone
Nicht nur wegen des herrlich frischen Duft sollten Sie Zitronensaft oder -öl verwenden. Gerade unreine Haut wird durch die vitaminreiche Frucht gereinigt.

Bisabolol
Wirkstoff der Kamille. Er hemmt Entzündungen und beruhigt die Haut.

Niauliöl
Wird von den Blättern eines Strauches auf Madagaskar gewonnen.

Tegomuls 90 S
Markenbezeichnung für einen Emulgator, also für einen Stoff, der dafür sorgt, daß sich Wasser und Öl verbinden.

Allantoin
Ist ein Wirkstoff, der überwiegend aus der Beinwurzel gewonnen wird. Er besitzt eine heilende Wirkung und macht die Haut zart, besonders bei Akne gut einsetzbar. Als kristallines weißes Pulver erhältlich.

Shea-Butter
Aus dem zentralafrikanischen Sheanußbaum gewinnt man ein Fett, das ausgezeichnete Eigenschaften hat. Es pflegt vor allem trockene Haut und schützt vor UV-Strahlen. Sie können das gut haltbare Fett benutzen, um ihren Cremes die richtige Konsistenz zu geben.

Welche Arbeitsmittel werden für die Produktion benötigt?

- **Töpfe** in verschiedenen Größen zum Erwärmen und Zusammenmischen
- **Meßgläser** oder **Becher** mit einer Meßskala
- **Geeichte Waage:** In jedem Imkereibetrieb sollte sich eine geeichte Waage befinden. Für einige Rezepte ist es wichtig, daß Sie die Mengenverhältnisse genau abwiegen.
- **Löffel, Messer, Spritze** (100 ml)
- **Thermometer:** Um die genaue Temperatur zu ermitteln, bei der Sie eine Zutat einer Creme beigeben. Das Thermometer sollte einen Temperaturbereich von 150 °C messen können, damit es auch beim Entkeimen von Bienenwachs benutzt werden kann.
- **Wärmequelle** (Kocher, Herd usw.)
- **Abfüllkannen mit Schnäbeln**

Rezepte

Gesichtswasser

Für jeden Hauttyp

ORANGEN-ROSEN-MIX

50 ml Orangenblütenwasser, 50 ml Rosenwasser, 1TL Honig, 5 Tropfen Rosenöl

- Orangenblüten- und Rosenwasser erwärmen und Honig darin auflösen.
- Lösung in eine dunkle Flasche füllen.
- Rosenöl beigeben und kräftig schütteln.
  Statt Orangenblütenwasser können Sie auch selbst gekochtes Holunderblütenwasser verwenden.

HONIGWASSER

80 ml destilliertes Wasser, 1 TL Honig, 20 ml Zitronensaft

- Alle Zutaten zusammen erwärmen und abfüllen.
- Um ein länger haltbares Gesichtswasser zu erhalten, sollten Sie auf Zitronenöl zurückgreifen. Fügen Sie es erst dann zu, wenn der Honig in 100 ml Wasser gelöst ist. 5 Tropfen Öl genügen.

Für fettige Haut

PETERSILIENWASSER

40 ml Petersilientinktur, 60 ml destilliertes Wasser, 1TL Honig

- Übergießen Sie eine Handvoll frischer Petersilie mit 40 ml Alkohol (70 %).
- Nach 3 Wochen können Sie die Tinktur abgießen.
- Vermischen Sie die Tinktur mit Wasser, und lösen Sie den Honig darin auf.

Reinigungsöl

Reinigungsöle dienen zur Gesichtsreinigung und können auch zum Entfernen von Make-up verwendet werden.

60 ml Avocadoöl, 20 ml Ringelblumenöl, 10 ml Aloe Vera-Öl, 10 ml Zitronenöl, 1TL Honig

- Erwärmen Sie das Öl, und lösen Sie den Honig darin auf.
- Die Mischung in eine dunkle Flasche füllen und abkühlen lassen.

Reinigungsmilch

25 ml Distelöl, 4 g Bienenwachs, 60 ml destilliertes Wasser, 10 Tropfen Zitronenöl

- Distelöl und Wachs in einem und Wasser in einem anderen Gefäß erhitzen.
- Öl und Wachs nach der Wegnahme von der Wärmequelle 1 Minute durchrühren.
- Langsam Wasser dazugießen und einige Minuten rühren.
- Solange die Milch handwarm ist, träufeln Sie das Zitronenöl hinzu und rühren kurz um.

Cremes und Lotionen

Nach einer gründlichen Reinigung sollten Sie Ihre Haut mit einer guten Creme versorgen, die die Zellerneuerung fördert, die Haut faltenfrei und geschmeidig werden läßt und Umwelteinflüssen standhält.

GRUNDREZEPT
15 g Kakaobutter, 10 g Bienenwachs, 100 g Jojobaöl, 40 ml destilliertes Wasser

Statt des destillierten Wassers können Sie auch *Aqua conservans* verwenden. Gegenüber dem undestillierten Wasser hat es den Vorteil, daß die Creme länger haltbar bleibt.

- Kakaobutter, Bienenwachs und Öl auf 65 °C erwärmen.
- Zur gleichen Zeit das Wasser erhitzen.
- Wasser langsam eingießen (Wasser nur nachgießen, wenn sich das vorhergehende eingebunden hat). Sobald die von Ihnen gewünschte Konsistenz erreicht ist, beenden Sie die Wasserzufuhr.
- Rühren Sie die Masse weiter, bis sie handwarm ist.
- In Cremetiegel abfüllen.

Normale Haut

MANDELCREME
15 g Kakaobutter, 10 g Bienenwachs, 60 ml Mandelöl, 40 ml Distelöl, 40 ml destilliertes Wasser, 5 Tropfen Rosenöl

AVOCADOCREME
15 g Kakaobutter, 10 g Bienenwachs, 70 ml Avocadoöl, 30 ml Olivenöl, 40 ml destilliertes Wasser, 5 Tropfen Pfefferminzöl

Trockene Haut

Fettcreme

10 g Bienenwachs, 10 g Shea-Butter, 80 ml Aprikosenkernöl

Dieses Rezept ist für extrem trockene Haut gut geeignet. Gerade im Winter halten Sie Ihr Gesicht damit geschmeidig. Zusätzlich ist die Haut vor UV-Strahlen geschützt.

Ringelblumencreme

15 g Kakaobutter, 10 g Bienenwachs, 100 ml Aprikosenkernöl, 40 ml Ringelblumenblütenaufguß

Aloe Vera-Creme

15 g Kakaobutter, 10 g Bienenwachs, 50 ml Jojobaöl, 50 ml Aloe Vera-Öl, 1 TL Honig, 10 g Aloe Vera-Gel, 40 ml destilliertes Wasser

Wenn Ihre Haut nicht nur trocken, sondern auch müde und schlaff ist, können Sie jeder Creme auch 5 g Gelée Royale hinzufügen. Es wird erst bei 35 °C zugegeben, da Gelée Royale höchst hitzeempfindlich ist.

Fettige Haut

Pfefferminzcreme

15 g Kakaobutter, 10 g Bienenwachs, 50 ml Olivenöl, 50 ml Distelöl, 40 ml Pfefferminzwasser, 3 Tropfen Pfefferminzöl

Hamameliscreme

15 g Kakaobutter, 10 g Bienenwachs, 100 ml Sojaöl, 40 ml Hamameliswasser

Gewürzcreme

15 g Kakaobutter, 10 g Bienenwachs, 30 ml Thymianölauszug, 30 ml Rosmarinauszug, 40 ml Sojaöl, 20 ml Hamameliswasser, 20 ml Pfefferminzwasser, 1TL Honig

Sie erhalten Ölauszüge, indem Sie 5 g Rosmarin und 5 g Thymian in jeweils 30 ml Weizenkeimöl geben und die Mischungen etwa 14 Tage auf einem warmen Platz stehen lassen.

Unreine Haut

Hamameliscreme

15 g Kakaobutter, 10 g Bienenwachs, 50 ml Bürzeldrüsenöl, 40 ml Jojobaöl, 10 ml Teebaumöl, 40 ml Hamameliswasser

Arnikacreme

15 g Kakaobutter, 10 g Bienenwachs, 60 ml Avocadoöl, 40 ml Bürzeldrüsenöl, 40 ml Arnikatinktur

Statt Hamameliswasser können Sie auch 40 ml Kammillenaufguß verwenden.

Ein weiteres Rezept auf Vaseline-Basis schützt Ihre Haut vor Wind und Wetter. Diese Fettcreme überzieht die Haut mit einem Schutzfilm.

Wind-und-Wetter-Creme

10 g Shea-Butter, 10 g Bienenwachs, 70 g Vaseline, 30 ml Jojobaöl, 40 ml destilliertes Wasser

Pickelsalbe

25 g Zinkpaste, 10 g Heilerde, 1 Messerspitze Allantoin, 2 Tropfen Teebaumöl, 2 Tropfen Pfefferminzöl

- Die Zinkpaste auf 60 °C erhitzen.
- Wenn die Zinkpaste geschmolzen ist, von der Wärmequelle nehmen und die Heilerde hinzufügen. Verrühren Sie die Mischung zu einer Salbe.
- Nachdem die Salbe handwarm gerührt ist, geben Sie Allantoin und die beiden Öle hinzu und rühren die Salbe bis zum völligen Erkalten weiter.

Nach einer gründlichen Gesichtsreinigung wird die Pickelsalbe nur auf entzündete Hautstellen und Pickel aufgetragen. Tragen Sie die Salbe großflächig auf, besteht die Gefahr, daß die Haut austrocknet.

Reife Haut

Rosencreme

15 g Kakaobutter, 10 g Bienenwachs, 60 ml Olivenöl, 40 ml Jojobaöl, 40 ml Rosenwasser, 1 Messerspitze Agar-Agar

- Erhitzen Sie, wie gewohnt, die Wasser- und Fettphase, und rühren Sie die Masse, bis die Creme handwarm ist.
- Dann geben Sie das Agar-Agar-Pulver dazu.

Nehmen Sie auf alle Fälle die ganze Menge Rosenwasser, da Agar-Agar geliert und die Konsistenz der Creme entscheidend beeinflußt.

Gesichtsmasken

Topfen-Maske

2 EL Topfen, 1TL süße Sahne, 1TL Honig

Den Honig auf 35 °C erwärmen und alle Zutaten miteinander verrühren.

Mandel-Maske

4 EL gemahlene Mandeln, 1 TL Honig, 1 EL Mandelöl

Lilien-Maske

1 Handvoll frische Lilienblüten, 40 ml Olivenöl, 1 EL Shea-Butter, 5 g Bienenwachs, 1 EL Honig, 40 ml Rosenwasser

- Die Lilienblüten fein schneiden und mit Olivenöl übergießen. Das Ganze 2 Wochen ansetzen.
- Nach 2 Wochen seihen Sie das Öl ab.
- Öl, Butter und Wachs werden erwärmt, bis alle Bestandteile flüssig sind.
- Der Honig wird zur gleichen Zeit in Rosenwaser aufgelöst.
- Von der Wärmequelle nehmen und langsam das Honigwasser in die Fettphase einrühren, bis die Mischung auf Zimmertemperatur abgekühlt ist.

Gegen Cellulitis

Straffungscreme

10 g Kakaobutter, 5 g Bienenwachs, 100 ml Olivenöl, 1 TL Honig, 150 ml destilliertes Wasser, eine Messerspitze Agar-Agar

- Kakaobutter, Bienenwachs und Olivenöl anrühren (65 °C).
- Gleichzeitig das destillierte Wasser erwärmen und Honig auflösen.
- Wasser portionsweise in die Fettphase einrühren und so lange weiterrühren, bis die Creme handwarm ist.
- Agar-Agar zugeben und das Ganze verrühren.

Latschenkiefercreme

10 g Kakaobutter, 5 g Bienenwachs, 50 ml Olivenöl, 50 ml Jojobaöl, 1 TL Honig, 100 ml destilliertes Wasser, 10 Tropfen Latschenkieferöl

Ringelblumencreme

10 g Kakaobutter, 5 g Bienenwachs, 60 ml Olivenöl, 40 ml Weizenkeimöl, 1TL Honig, 60 ml destilliertes Wasser, 40 ml wäßriger Calendulaextrakt, 10 Tropfen Eukalyptusöl

Avocadocreme

10 g Kakaobutter, 5 g Bienenwachs, 50 ml Avocadoöl, 50 ml Jojobaöl, 1 TL Honig, 150 ml destilliertes Wasser, 1 Messerspitze Agar-Agar

Kamillencreme

10 g Kakaobutter, 5 g Bienenwachs, 100 ml Jojobaöl, 1 TL Honig, 50 ml destilliertes Wasser, 50 ml Kamillenaufguß, 10 Tropfen Eukalyptusöl

Badeöle

Um Badeöle herzustellen, brauchen Sie vorerst einmal Kräuteröle, die Sie entweder kaufen oder selbst herstellen. Dafür benötigen Sie 10 g der jeweiligen Pflanze und 50 ml eines hochwertigen Öls. Legen Sie die Blüten oder Blätter der Pflanze in ein dunkles Gefäß, gießen Sie das Öl darüber und lagern Sie es dunkel und warm. Nach etwa 2–3 Wochen sieben Sie das Öl durch ein feines Tuch, und der Kräuterauszug ist fertig.

Mandel-Wacholderbad

70 ml Mandelöl, 10 ml Wacholderöl, 5 g Bienenwachs

Mischen Sie alle Zutaten zusammen, und erhitzen Sie diese auf 65 °C, damit sich das Bienenwachs löst und in die Öle einmischt.

Eukalyptusbad

80 ml Jojobaöl, 10 ml Eukalyptusöl, 5 g Bienenwachs

Pures Buttermilchbad

Gießen Sie 3 Liter Buttermilch in die Wanne, und lassen Sie dann das Wasser zulaufen. Rühren Sie zusätzlich 2 EL Honig unter.

Waschgels und Duschemulsionen

Duschemulsion für trockene und empfindliche Haut

20 ml Lamepon S, 20 ml Rewoteric AM 2 C/NM, 5–10 ml Rewoderm Li 420, 5 ml Sonnenblumenöl, 10 ml Mulsifan CPA, 10 Tropfen ätherisches Öl, 52 ml destilliertes Wasser, 1 TL Honig, 5 Tropfen Zitronensaft

Die Zutaten Lamepon und Rewoteric sind Tenside (ein Eiweißkondensat, ein anionisches Waschmittel), Rewoderm ist ein Verdicker, dessen Menge Sie je nach gewünschter Konsistenz bestimmen können und der als Emulgator wirkt.

- Geben Sie die Substanzen Lamepon und Rewoteric in ein Mischgefäß.
- Fügen Sie von der Substanz Rewoderm 5 ml hinzu. Die Mischung verdickt sich zum Gel.
- Wärmen Sie das destillierte Wasser, und lösen Sie den Honig darin auf. Rühren Sie das destillierte Honigwasser in die Emulsion ein.
- Geben Sie danach die Produkte Sonnenblumenöl, Mulsifan und ein ätherisches Öl dazu, und verrühren Sie alles gründlich.
- Mit destilliertem Wasser können Sie den pH-Wert auf 5,5 senken.

Ist die Emulsion zu flüssig, können Sie von Rewoderm noch etwas dazugeben. Ist sie zu dick, geben Sie mehr Wasser oder ätherisches Öl dazu.

Geben Sie Salbei- oder Thymianöl in die Rezeptur, erhalten Sie eine Kräutercreme, die bei strapazierter Haut Linderung bringt. Natürlich können Sie statt des Wassers auch Teeauszüge in die Emulsion einbringen.

Emulsion mit hoher Reinigungskraft für normale Haut

10 ml Zetesol 856 T, 30 ml Lamepon S, 3 ml Rewoderm Li 420, 20 ml Nutrilan, 5 ml Mulsifan, 20 Tropfen ätherisches Öl, 55 ml destilliertes Wasser, 1 TL Honig, 10 Tropfen Zitronensaft

Waschemulsion für fettige Gesichtshaut mit Akne

10 ml Lamepon S, 10 ml Rewoteric AM 2 C/NM, 1 TL Rewoderm Li 420, 5 Tropfen Bisabolol und/oder 10 Tropfen D-Panthenol (50 %), 1/2 TL Honig, 5 Tropfen Salbeiöl, 20 ml destilliertes Wasser

Baby-Waschgel

10 ml Lamepon S, 10 ml Tegobetain, 1 TL Rewoderm Li 420, 1/2 Teelöffel Honig, 25 ml destilliertes Wasser

Dieses Gel reizt praktisch überhaupt nicht – nicht einmal die Augen. Es ist völlig ungiftig. Natürlich ist es auch für Erwachsene mit empfindlicher Haut verwendbar.

Intim-Waschmittel

10 ml Lamepon S, 10 ml Rewoteric AM 2 C/NM, 1 TL Rewoderm Li 420, 2 Tropfen Thymianöl, 2 Tropfen Salbeiöl, 1/2 TL Honig, 25 ml destilliertes Wasser

Rasiercreme

20 ml Lamepon, 20 g Tegobetain L7, 10 g Mulsifan, 5 g Avocadoöl, 10 g Rewoderm Li 420, 10 Tropfen Nutrillan, 1/2 TL Honig, 30 g destilliertes Wasser, Parfümieren nach Belieben

Die Zubereitung ist wie bei der Waschemulsion.

Tragen Sie die Rasiercreme wie eine Hautcreme auf, und verschäumen Sie sie. Intensiveren Schaum erhalten Sie durch Zumischung von Zetesol. Ihre Haut fühlt sich nach der Rasur ganz weich und zart an.

Kräuterschaumbäder

Die drei folgenden Rezepte haben durch die unterschiedliche Ölzugabe diverse Wirkungen.

Kräuterschaumbad mit belebender Wirkung

10 ml Zetesol 856 T, 40 ml Lamepon S, 3 ml Rewoderm Li 420, 5 ml Oxypon, 50 ml destilliertes Wasser, 1 TL Honig, 2 ml ätherisches Rosmarinöl, 1 ml Fichtennadelöl, 1 ml Thymianöl

Schaumbad mit beruhigender Wirkung

Dieselben Zutaten wie beim letzten Bad, nur nehmen Sie andere Öle.
3 ml ätherisches Melissenöl, 1 ml Fenchelöl, 1 ml Salbeiöl

Erkältungsschaumbad

Gleiche Grundrezeptur, nur andere Öle.
1 ml ätherisches Pfefferminzöl, 1 ml Eukalyptusöl, 1 ml Latschenkieferöl, 1 ml Thymianöl, 1 ml Rosmarinöl, einige Tropfen Kampfer

Haarschampons

Schampon für dünnes Haar

10 ml Zetesol, 30 ml Lamepon S, 5 ml Rewoderm Li 420, 5 ml Haarquat, 10–20 Tropfen ätherische Öle, 30 Tropfen Nutrillan oder Eigelb, 1TL Honig, 55 ml Wasser, 10 Tropfen Zitronensaft

Mischen Sie die Substanzen – wie bei der Waschemulsion beschrieben – wieder zusammen. Dann kommt das Haarquat dazu, es ist ein Produkt, das die Haare entlädt, so daß sie sich wieder gut frisieren lassen. Wenn Sie Kräuterextrakte beigeben, können Sie das Schampon als Kräuterschampon bezeichnen. Geben Sie Eigelb dazu, dann natürlich als Eischampon oder auch als Honigschampon. Für Leute, die sich ihre Haare besonders oft waschen, gibt es hier noch eine besonders milde Variante dieses Rezepts. Anstelle der 10 ml Zetesol nehmen Sie 20 ml Glycerinderivat (Rewoderic AM 2 C/NM) oder 20 ml Betain (Tegobetain L 7).

Kinderschampon

25 ml Tegobetain L 7, 20 ml Lamepon S, 5 ml Rewoderm Li 420, 1 TL Haarquat, evtl. Parfüm, 45 ml destilliertes Wasser

Die Seifenherstellung

Für die Herstellung von Seifen werden folgende Bestandteile benötigt:

- Man verwendet weiches, kaltes Wasser. Wenn es kalkhaltig ist, muß ein Weichmacher (Borax) zugefügt werden.
- Als Seifengrundstoff eignen sich eigentlich alle tierischen Fette oder pflanzlichen Öle wie Olivenöl, Palmöl oder pflanzliches Backfett.
- Für die Verseifung benötigt man eine Lauge; Sodakristalle (Pottasche) bzw. Natronlauge eignen sich bestens dazu.

Welche Hilfsmittel werden benötigt

- Ein Gefäß für die Lauge und Wasser
- Einen Topf für Laugenlösung und Fett
- Ein hitzebeständiges Thermometer, dessen Skala bis 110 °C reicht.
- Für die Seifen eignen sich Gußformen aus Keramik, rostfreiem Stahl, Plastik, Gummi, Porzellan und Glas.
- Isoliermaterial, das die Temperatur der Seife aufrechterhält. Dafür geeignet sind Kartons, Styropor oder Tücher und Decken.

REZEPT 1 (FÜR EIN EINZELNES STÜCK SEIFE)

½ Tasse weiches, kaltes Wasser, 1 Tasse weicher Rindertalg, 2 gehäufte TL Sodakristalle

- Zuerst füllt man kaltes Wasser in ein Gefäß und gibt unter ständigem Rühren die Sodakristalle dazu. Bei der nun folgenden chemischen Reaktion erhöht sich die Temperatur auf 90 °C. Zum Abkühlen stellt man die Schüssel in kaltes Wasser, danach schüttet man die Sodalösung in ein Glasgefäß.
- Der Rindertalg und die Sodalösung werden auf 37 °C erwärmt.
- Um eine einheitliche Mischung zu bekommen, rührt man das Fett ordentlich um und gibt dann unter langsamem Weiterrühren die Sodalösung dazu.
- Die Mischung wird bräunlich, dann heller und pastenartig. Jetzt ist der richtige Zeitpunkt der Abfüllung gekommen.
- Jetzt kann man noch ätherische Öle oder Gewürze einrühren, aber nicht zu früh, sonst wird die Verseifung gestoppt.
- Anschließend wird die Seife in Formen gefüllt.
- Die gefüllten Formen werden abgedeckt und warm gestellt. Am nächsten Tag nimmt man die Seife aus der Form. Dann läßt man sie 2–3 Wochen trocknen.

Vorsicht: Soda ist ätzend, deshalb sollten bei der Produktion Gummihandschuhe verwendet werden.

Rezept 2

355 ml Kokosöl, 355 ml Olivenöl, 565 g Pflanzenfett, 475 ml destilliertes Wasser, 180 ml Lauge

- Zuerst werden die Seifenformen eingefettet.
- Anschließend werden Kokosöl, Olivenöl und Pflanzenfett in einem hitzebeständigen Topf unter ständigem Rühren auf 40 °C erhitzt.
- Die Lauge langsam in das bereitgestellte Wasser gießen und vorsichtig rühren.
- Sobald die Lauge-Wasser-Mischung 40 °C erreicht hat, wird sie den Ölen langsam hinzugefügt.
- Nach 10–15 Minuten beginnt die Seife pastenartig zu werden und ist zum Abfüllen bereit.
- Danach wird die Seife zugedeckt und warm gehalten.
- Hat die Seife den gewünschten Festigkeitsgrad erreicht, wird sie nach 48 Stunden aus der Form gegeben und 3 Wochen reifen gelassen.

MET (HONIGWEIN)

Met hat in der letzteren Zeit in manchen Imkereien einen festen Platz gefunden. Einerseits durch die großen Honigernten, die sich durch das überreiche Angebot an Alternativkulturen (Raps, Sonnenblume usw.) in den Ackerbaugebieten ergaben, andererseits durch die große Produktpalette, die der Kunde vom Imker verlangt. Bis vor einigen Jahren bestand kaum Nachfrage nach Honigwein, aber durch die enorme Qualitätssteigerung, die man beim Met beobachten kann, regt dies auch den Kunden zum Kauf an. Ich bin schon früher bei einigen Metprämierungen dabei gewesen und hatte das Vergnügen, Mete zu verkosten und zu beurteilen. Am Anfang dieser Prämierungen ist mir das ziemlich schwer gefallen, da tatsächlich Produkte dabei waren, die entweder geschmacklich nicht vertretbar oder verdorben waren. Heute bin ich gerne bei einer Verkostung dabei, weil ich weiß, daß sich in den letzen Jahren das Produkt Met sehr zum Guten verändert hat. Um Met zu erzeugen, braucht man einiges Grundwissen, das man in verschiedenen Imkerschulungsorten, wie zum Beispiel bei uns in der Imkerschule Warth, erlangen kann. Man sollte sich für die Gärtechnik, die Kellerwirtschaft sowie für den Verkauf interessieren, um das Produkt ordentlich absetzen zu können und damit der Kunde ein Produkt von höchster Qualität erhält.

Welche Zutaten werden für die Metproduktion benötigt?

- Bienenhonig
- Wasser oder Fruchtsaft
- Eventuell Gewürze
- Reinzuchthefe
- Hefenährsalze

Bienenhonig

Im Prinzip können alle Honigsorten für die Metproduktion verwendet werden. Hierbei wird man aber Honige auswählen, die im Lager überschüssig sind. Es sind dies meist Blütenhonige, die durch das überreiche Alternativangebot von Sonnenblume und Raps entstehen. Hin und wieder kommt es vor, daß man Problemhonige mit hohem Wassergehalt schleudert, die ebenso für die Metproduktion ihre Verwendung finden. In Waldtrachtgebieten hat man überdies alle zwei Jahre meist ein überreiches Angebot an Melizitosehonig. Dieser wird in der Wabe fest und ist somit nicht schleuderbar. Diese Honigwaben können Sie nach der Entdeckelung im Wasser auslaugen und zu Met oder Honigessig weiterverarbeiten. Eine andere Variante wäre das Ausschmelzen mit Hilfe des Dampfwachsschmelzers. Damit werden die Melizitosewaben auf ungefähr 100 °C erhitzt und das Wachs-Honig-Wasser-Gemisch in einem Behälter aufgefangen. Anschließend seiht man das dickflüssige Honigwasser ab und verdünnt es mit Wasser, da die Honigkonzentration noch zu hoch für die Vergärung wäre. Dann gibt man die Reinzuchthefe und die Hefenährsalze hinzu.

Zum Nachsüßen nach der Gärung kann man dem Met einen fruchtigen, geschmacksintensiven Honig beigeben (z. B. Lindenblütenhonig).

Wasser

Aus früherer Zeit stammt es, daß man zur Metproduktion kalkarmes, weiches Wasser verwenden sollte. Wir haben hartes Wasser und hatten eigentlich bislang keine negativen Erfahrungen damit. Scheinbar hat Wasser einen geringen Einfluß auf die Qualität. Vermeiden Sie aber, Regenwasser für die Metbereitung in Erwägung zu ziehen, da sich darin Verunreinigungen befinden könnten.

Fruchtsaft

Wenn Sie Fruchtsäfte als Trägersubstanz oder Fruchtsaft-Wasser-Gemische verwenden, nimmt dies sowohl Einfluß auf den Geschmack als auch auf das Gärverhalten. Hefenährstoffe sind in Fruchtsäften vorhanden und müssen nicht extra hinzugegeben werden. Werden farbige Fruchtsäfte verwendet, wird der Met mit der jeweiligen Farbe angereichert. Nehmen Sie säurereiche Fruchtsäfte, senken Sie von Haus aus den pH-Wert, und der Metansatz ist deshalb besser vor Bakterienbefall und Fehlgärungen geschützt.

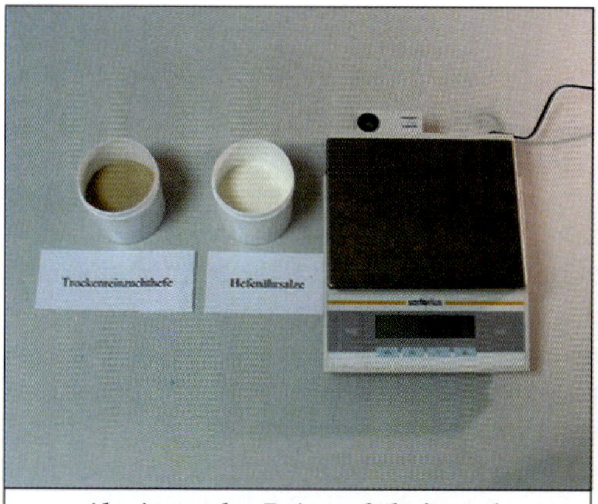

Abwiegen der Reinzuchthefe und der Hefenährsalze

Die Hefe beginnt schon nach einigen Minuten zu quellen

Meterzeugung

Erhitzen des Honigs auf 78 °C und Einfüllen des Wassers

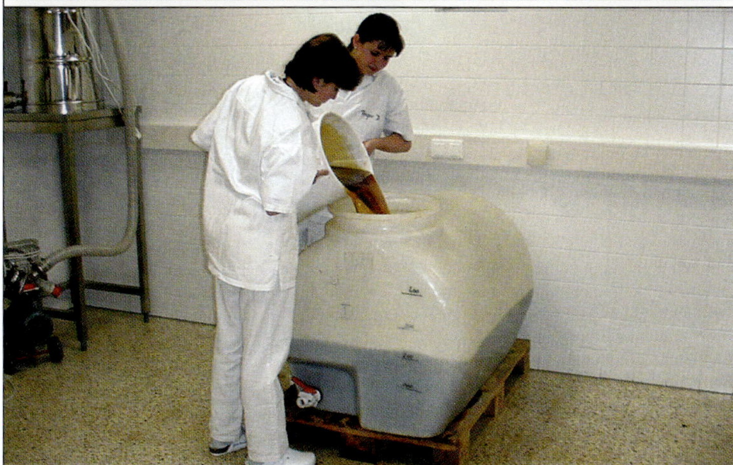

Zugabe des heißen Honigs

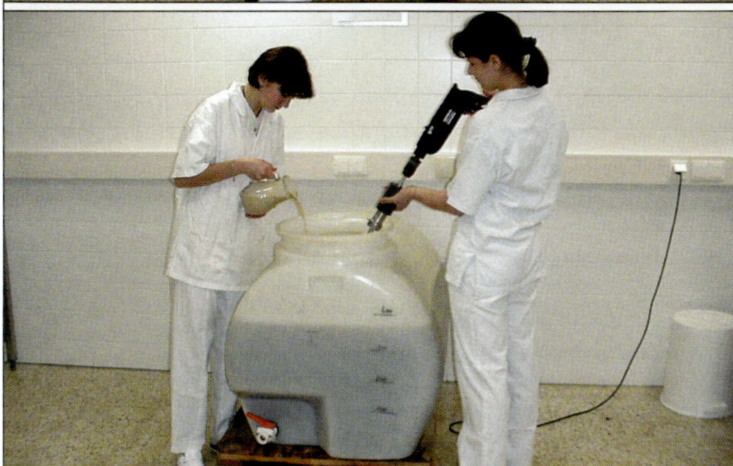

Zugabe und Einrühren der Reinzuchthefe und der Hefenährsalze

Hefenährsalze

Wenn Sie nur Wasser als Trägerflüssigkeit verwenden, ist es notwendig, Hefenährsalze zuzugeben, da im Honig diese erwünschten Stickstoff- und Phosphorverbindungen meistens fehlen. Ohne Zugabe von Nährsalzen, kann es zu Fehlgärungen und Gärungsunterbrechungen kommen. Die Mengen, die zugegeben werden, liegen zwischen 20 und 30 g/100 l. Die abgewogenen Hefenährsalze lösen Sie in etwas lauwarmem Wasser.

Reinzuchthefe

Bei der Metbereitung ist eine sehr gärkräftige Hefe besonders wichtig. Reinzuchthefen sind sowohl in trockenem Zustand wie in flüssiger Form im Kellereiartikelhandel erhältlich. Trockenhefen sind wegen ihrer langen Haltbarkeit von größerer Bedeutung.

Die erforderliche Menge, die für die Metgärung nötig ist, liegt zwischen 20 und 30 g/hl. Die abgewogene Menge wird nicht direkt in den Metansatz gemischt, sondern in eine kleine Menge. In ein Liter Honig-Wasser-Gemisch, das auf 30–35 °C erwärmt wird, streuen Sie die Hefe ein. Nachdem sie zu quellen begonnen hat, wird sie in den Metansatz eingerührt.

Was ist ein Met?

Met ist ein Honig-Wasser- oder Wasser-Fruchtsaft-Gemisch, wobei der im Honig und Fruchtsaft enthaltene Zucker zu Alkohol umgewandelt wird. Je höher der Zuckeranteil, desto höher der Alkoholgehalt. Mit einer guten Gärhefe kann ein Alkoholgehalt von bis zu 14 Vol. % Alkohol erreicht werden. Durch Zugabe von Gewürzen, Zuckercouleur und Aromastoffen kann der Met dementsprechend verändert werden.

Ansatz für 100 l Met

- ***Zirka 36 kg Honig auf 78 °C erhitzen und in heißem Wasser auflösen. Das Gärfaß mit kaltem Wasser bis auf die 100-Liter-Marke auffüllen, so daß das Honig-Wasser-Gemisch ungefähr 20 °C aufweist.***
  Durch das Erhitzen werden Fremdhefen abgetötet.
  Der Honig läßt sich leicht auflösen.
  Bei 20 °C finden die später zugesetzten Reinzuchthefen eine optimale Starttemperatur.

- ***Zugabe von Hefenährsalzen (je nach Produkt, meist jedoch 30 g/hl)***
  Da für eine zügige Vergärung Hefenährstoffe, wie N, P und Vit. B_1 notwendig und im Honig davon wenig vorhanden sind, müssen diese unbedingt in ausreichendem Maße beigegeben werden.

- ***Zugabe einer gärkräftigen Reinzuchthefe***
  Dadurch wird eine sichere und saubere Gärung ermöglicht und eine Fehlgärung verhindert. Geeignet sind z. B. Sekthefen, die in der Lage sind, einen hohen Alkoholgehalt zu produzieren.

- ***Sobald die Gärung im Auslaufen ist, wird zum erstenmal umgefüllt, wodurch das gebildete Hefedepot (Geläger) abgetrennt wird.***
  Die inaktive, abgestorbene Hefe muß vom Met getrennt werden, da es durch die Zersetzungsprozesse der Hefe zu negativen Beeinflussungen des Mets kommen kann.

- ***Nach 4 Wochen muß der Met noch einmal von der neu gebildeten Hefe abgezogen werden. Ab diesem Zeitpunkt sollte der Met kühl bei 10–12 °C gelagert werden.***
  Durch den hohen Zuckergehalt ist mit einer langen Gärung zu rechnen, so daß laufend Hefen absterben und entfernt werden müssen.

- ***Schwefelung mit Kaliumpyrosulfit (12 g / 100 l)***
  Verhinderung von Oxydation, die sich auf Farbe und Geschmack negativ auswirken würde.
  Abbindung von Gärnebenprodukten wie Acetaldehyd.
  Bindung von Sauerstoff im Getränk und somit Entzug der Lebensbedingungen für viele Mikroorganismen.

- ***Wenn der Met geschmacklich zu kantig erscheint, kann mit ca. 10 kg Honig nachgesüßt werden.***
  Den Honig zuvor erwärmen und in einer kleinen Menge Met auflösen.

- ***Erwärmung des gesamten Mets im Faß auf 78 °C mittels Tauchwärmer.***
  Unterbindung einer Nachgärung bis zur baldigen Flaschenabfüllung.
  Ausscheiden von hitzeempfindlichem Eiweiß.
  Austreiben der meist unerwünschten Gärungskohlensäure.

- ***Grob- und Feinfiltration***
  Bei kleinen Mengen hat man die Möglichkeit, den Met mit einfachen Schnapsfiltern (Vinomat) zu filtrieren. Dieser Vinomat besteht aus einem Kunststoffbehälter mit einer aufgesetzten Handpumpe. Vom Gefäß aus gehen Schläuche in die runde Filterscheibe, worin sich beide Filterschichten befinden und die Trubstoffe aufgefangen werden.

Wichtig: Halten Sie sich an die Gebrauchsanweisung, und lassen Sie vorerst eine ganze Füllung reines Wasser durch die Filterschichten rinnen, damit der Met keinen Zellulosebeigeschmack durch sie erhält.

Für größere Mengen Met wird man stabile Weinfilteranlagen benötigen.

- ***Flaschenfüllung***

  Kaltfüllung
  Ist nur bei Produkten mit einem hohen Alkoholgehalt (mind. 14 Vol. %) und einem Restzuckergehalt von mind. 100 g/l anzuraten. Bei geringeren Mengen drohen Nachgärungen in der Flasche.

  Warmfüllung
  Hierbei wird der Met, ähnlich wie Apfelsaft, bei +65 °C in die Flasche gefüllt. Dabei werden alle Fremdhefen, die eine Nachgärung bewirken können, abgetötet.

  Kaltsterile Flaschenfüllung
  Dabei handelt es sich um die technisch aufwendigste Methode, die sich nur bei großen Metmengen sowie bei entsprechender Geräteausstattung lohnt.

Die Berechnung der Honig-Wasser-Menge

Mit einer relativ einfachen Rechnung läßt sich die Menge Honig berechnen, die man braucht, um den gewünschten Alkoholgehalt zu erzielen.

Man benötigt folgende Umrechnungsdaten:
1 kg Honig entspricht 0,7 l
Pro kg Honig sind ca. 800 g Zucker zu rechnen
1 l Apfelsaft enthält ca. 100 g Zucker

Honigberechnung für Met mit 16 Vol. % Alkohol

16	x	17,7	=	283,2	x	500	=	141.600
Vol. % Alkohol, der erreicht werden soll		fixer Faktor		Zuckergehalt in g/l		Liter Ansatz		Gesamtzuckermenge in g

141.600	:	800	=	177
Gesamtzucker in g		Zuckergehalt in g von 1 kg Honig		kg Honig

Endalkoholgehaltsberechnung

$$\text{Möglicher Alkoholgehalt} = \frac{\text{Gesamtzuckermenge im Ansatz}}{\text{Liter Ansatzmenge}} : 17{,}7$$

Rechnung:

	Zucker pro kg	Gesamtzucker	Volumen in Liter
37,5 kg Honig	800 g	30.000 g	26,25 l
100 l Wasser			100,00 l
		30.000 g	126,25 l

30.000 : 126,25 = 237,5 : 17,7 = 13,4 Vol. % Alkohol

Hefebakterien sind alkoholempfindlich, daher kann man mit einer guten Hefe höchstens zwischen 12 und 14 Vol. % Alkohol erreichen.

Zugabe von Gewürzen

Dies kann entweder vor oder nach der Gärung erfolgen. Je länger ein Gewürz auf den Met einwirken kann, desto harmonischer wird es sich mit ihm verbinden. Bei der Zugabe von Gewürzen ist aber große Vorsicht geboten, da man sehr rasch zuviel des Guten davon erwischen kann. Deshalb sollte der Ansatz von Zeit zu Zeit abgeschmeckt werden, und die Gewürze können, wenn sie in einem Leinensäckchen verborgen sind, jederzeit entnommen werden.

Geeigneter und leichter wäre es, Kräuterauszüge beizumischen, die Sie selbst herstellen können (siehe Kosmetik aus Bienenprodukten). Der Vorteil dabei ist, daß man eine genaue Dosierung durchführen kann. Man probiert vorerst mit einer kleinen Menge, errechnet die Auszugsmenge und geht erst dann ins Großgebinde über.

Metrezepte

Altes Metrezept aus Ostpreußen

1 kg Honig, 4 l Wasser, etwa 10 g getrockneten Hopfen, 1 in Scheiben geschnittene Zitrone samt Schale (unbehandelt), zum Braunfärben einige Eßlöffel braunen Zucker

Alles zusammen aufkochen, Hopfen und Zitronenscheiben in ein Mulltüchlein packen, das man leicht wieder entfernen kann. Gut umrühren und in einen oder in mehrere Krüge bis zu ¾ der Gefäßhöhe füllen. Wegen der Gärung leicht überdecken. Bei Zimmertemperatur mindestens drei Wochen stehen lassen, bis der Met nicht mehr gärt. Spätestens nach einem Monat kann der Met in Flaschen gefüllt werden.

Kräftiger Gewürzmet

100 l Wasser, 32 kg Honig, je 10 g Weinstein- und Zitronensäure, 5 Stangen Zimt, ½ geriebene Muskatnuß, 2 walnußgroße Stücke Ingwer, ¼ Säckchen gemahlene Nelken, zweimal vier Finger voll Melissentee, Bäckerhefe

Honiglösung zwei Stunden kochen, dabei ständig rühren und abschäumen, damit die schlecht schmeckenden Honighefen abgetötet und alle Unreinheiten entfernt werden. Eine halbe oder ganze Stange aufgelöste Bäckerhefe zugeben, Gewürze in Leinenbeutel einhängen. Raum auf 20–25 °C warm halten. Nach zwei Monaten etwa, wenn die stürmische und auch die schwächere Nachgärung vorüber sind, zum erstenmal abstechen. Nach weiteren sechs Monaten in Flaschen abfüllen.

Vorsichtshalber nicht zu fest verkorken.

Honigmet nach Altmeister Dzierzon

Man löst 5 l Honig in 20 l Wasser und kocht die Lösung so lange, bis sie ein frisches Hühnerei trägt. Die Spitze des Hühnereis muß noch ein wenig aus der Flüssigkeit hervorschauen. Nun läßt man sie bis auf die Außentemperatur abkühlen, füllt sie in ein Weinfaß oder in einen Glasballon mit Gärspund. Das weitere ist jetzt Geschmacksache; man kann dieses Honigwasser entweder belassen, wie es ist, oder aber, wenn man den Wein würziger haben will, hängt man in die Flüssigkeit in einem leinenen Beutelchen etwas Muskatnuß, Gewürznelken, Ingwer und Zimt.

Nun läßt man die Flüssigkeit bei mäßiger Wärme (12–16 °C) ca. sechs Wochen gären. Während der Gärung ist das Faß mit einem Gärspund verschlossen zu halten. Ist die Gärung vollendet, füllt man den Met in ein anderes, etwas kleineres Faß, achtet aber darauf, daß keine Unreinheiten vom Bodensatz mehr in das frische Faß kommen. Auch dieses Faß wird vorerst nur leicht verkorkt. Nach vier bis sechs Monaten ist die gesamte Gärung vorbei, und der Met kann in Flaschen abgezogen werden. Er hält dann jahrelang, ja er gewinnt von Jahr zu Jahr an Aroma und Wohlgeschmack.

Met-Rezept von 1897

12 l Wasser in einen Kessel gießen, an der inneren Wand des Kessels ein Zeichen machen, um zu markieren, wie hoch das Wasser darin steht, 4 l Wasser und 3 ½ kg Honig dazufügen. Kocht und schäumt die Flüssigkeit eine halbe Stunde lang, so schüttet man eine knappe Handvoll sehr guten Hopfen hinein (andere Rezepte nehmen zwei Zweige Rosmarin) und setzt das Kochen so lange fort, bis die Flüssigkeit wieder auf 12 l eingedampft ist, was man an der Kesselmarkierung erkennen kann. Nun gießt man das Gebräu in einen Holzbottich, läßt es kurze Zeit abkühlen, mischt 4 Eßlöffel frische, gute Bierhefe dazu, bedeckt den Bottich mit Tüchern, bindet ihn zu

und läßt in 48 Stunden stehen. Dann seiht man die Flüssigkeit in ein Fäßchen (Korbflasche), hängt ein Leinenbeutelchen mit 4 in Scheiben geschnittenen Zitronen (ohne Kerne), 30 Gramm gestoßenem Zimt, 15 g Kardamom und 3 Gewürznelken in das Gefäß, verschließt es mit einem Spund und stellt es sechs bis acht Wochen in den Keller. Dann zieht man den Met auf Flaschen

HONIGESSIG

Zur Erweiterung Ihrer Produktpalette empfiehlt es sich vielleicht auch, Honigessig herzustellen, zumindest für den Hausgebrauch. Die Essigbereitung gehört zu den ältesten bekannten Verfahren der Lebensmittelherstellung. Es gibt wenige Imker, die professionell Honigessig produzieren, da es nicht so einfach ist, den gesetzlich geforderten Essiganteil von 5 g pro 100 ml zu erreichen. Wenn Sie schon Met produziert haben, ist es eigentlich nicht mehr so schwierig, Honigessig zu erzeugen. Probieren Sie doch eine kleine Menge.

Wie entsteht Honigessig?

Bei der Erzeugung von Essig vollzieht sich eine doppelte Gärung, eine doppelte Fermentation. Vorerst wird die Hefegärung durchgeführt, wobei sich der im Honig enthaltene Zucker in Alkohol umwandelt. Genauso wie bei der Metbereitung beschrieben, bereiten Sie den Met für die Essigsäuregärung vor.

Bei der Essigsäuregärung erfolgt ein natürlicher biochemischer Vorgang, in dessen Verlauf durch eine Bakteriengärung (zweite Gärung) Alkohol in Essig umgewandelt wird. Für die Umrechnung zur Herstellung von Honigessig kann man davon ausgehen, daß 1 Vol. % Alkohol ungefähr 1 % Essigsäure ergibt.

Voraussetzungen für den Ansatz und Ablauf der Essigsäuregärung

1. **Behälterwahl und Einrichtungen richten sich nach dem jeweiligen Gärverfahren**
   - Offenes Gärverfahren
   - Rundpumpverfahren
   - Submersverfahren

2. **Sauerstoffversorgung**
   - Zu den einzelnen Verfahren muß die notwendige Belüftung gewählt werden.

3. **Temperatursteuerung**
   - Neben Essigsäure entsteht auch Wärme! Je nach Gärverfahren muß das Raumklima oder das Gärgut erwärmt oder gekühlt werden.

Moderne Submers-Anlage für 20 l (Fa. „Alles um den Essig", Graz)

- Idealtemperatur für die Gärung sind 25–28 °C.
- Temperaturen von 33–35 °C schädigen die Bakterien = Restalkohol bleibt bestehen.

4. Nährstoffgrundlage

- Bakterien brauchen zur Vermehrung Filtramon Super E in der Höhe von 60 g/ 100 l Gärgut.

5. Bakterienkultur

- Vorhandene Essigmutter (gewaschen und richtig aufbewahrt) wird mit einigen Litern Met zur Gärung gebracht und nach 3–4 Tagen dem Essigfaß zugesetzt.
- Zusatz von in Gärung befindlichem und sauber schmeckendem Honigessig (15–25 % Anteil, bei 100 l = 15–25 l Gärgut).
- Bakterienkulturen – z. B. Filtrabac Acid (Bakterien der Gruppe Gluconobacter und Acetobacter) werden zu einer Essigmutter gezüchtet, die dann jederzeit für die Essiggärung verwendet werden kann.

Das offene Gärverfahren

Dieses Verfahren zählt nach wie vor zu den im Haushalt weit verbreitetsten. Man erhält irgendwann von jemanden, der Essig bereitet, eine Essigmutter und probiert es auch. Die Honigessiggärung erfolgt in einem offenen Gefäß, das eine große Oberfläche aufweisen muß, damit auch genügend Sauerstoff dazukommt. Wichtig ist, daß von Zeit zu Zeit ein Teil der Essigmutter entfernt und die gärende Masse in Bewegung gehalten wird, damit man die gewünschten 5 % Essigsäure erreichen kann. Meist hat man mit diesem Verfahren jedoch Probleme, den gesetzlich verlangten Säuregrad zu erreichen. Bei dieser Gärmethode dauert die Essiggärung zwischen ½ und 1 Jahr.

Das Rundpumpverfahren

Dabei wird das Gärgut über Späne, Maisspindeln oder Holzgitter im Kreis gepumpt. Durch das Pumpen wird dem Essig ständig Sauerstoff zugeführt. Bei diesem Verfahren erreicht man meistens die gesetzlich festgelegten 5 % Säure. Durch die Verwendung von Fremdmaterialien besteht aber die Gefahr, daß sich im fertigen Produkt Fremdpilze befinden.

Verbessertes Rundpumpverfahren

Auf diese Art und Weise kann man relativ günstig Essig herstellen. Es erfolgt eine ständige Belüftung, eine Bewegung des Essigs und je nach Bedarf ein Rundpumpen. Man erreicht dadurch einen schnell vergorenen und vor allem einen geschmacklich guten Honigessig, wobei sich die Gärung über 2–4 Wochen erstreckt.

Das Submersgärverfahren

Submersverfahren arbeiten mit einem In-Schwebe-Halten der Bakterien und einer ständig gesteuerten Belüftung. Dadurch sind die Temperatursteuerung und die totale Steuerung der Essigproduktion möglich, ohne daß eine Essigmutter entsteht. Durch die nötige Anschaffung dieser Geräte wird dieses Verfahren nur in größeren Betrieben Verwendung finden. Bei dieser Methode kann Essig innerhalb von 2–6 Tagen hergestellt sein. Durch die kurze Zeit ist auch die Aromabeeinflussung nur sehr gering.

Kontrollen nach der Gärung

Je nach Verfahren kann die Essiggärung zwischen einigen Tagen und einigen Wochen dauern.

Wichtig: Je schneller die Gärung, desto aromatischer und sauberer wird der Essig.

Kontrolle der Säure im Labor – der Säuregehalt muß mindestens 5 % betragen.

Kontrolle des Alkohols: Nach Gesetz darf Honigessig max. 8 g / l = 1,0 Vol. % Restalkohol beinhalten.

Geschmackskontrolle: Der Honigessig muß sauber und aromatisch schmecken.

Wichtig: Der Essig muß nach einer Verdünnung auf 1 % ein deutlich wahrnehmbares Aroma laut Etikettenangabe erkennen lassen.

Filtration mittels Tiefenfilter

Wichtig: Bilden sich nach der Filtration Mikroorganismen, wie Kahmhefen, Essiggälchen, Schleimbakterien, muß solange filtriert werden, bis der Essig stabil bleibt.

Essigbereitung aus Melizitosewaben

In den meisten Waldtrachtgebieten tritt ungefähr alle 2–3 Jahre eine ergiebige Melizitosetracht auf. Sie haben die Möglichkeit, entweder mit einem Teil der vollgefüllten Honigwaben Met zu bereiten oder in der folgenden Saison in den Völkern aufzubrauchen, den Melizitosehonig umtragen zu lassen und vielleicht mit dem Frühjahrshonig mitzuschleudern.

Für die Met- bzw. Essigbereitung errechnen Sie vorerst die Menge Honig, die Sie für den gewünschten Alkoholgehalt brauchen. Dann wiegen Sie das Durchschnittsgewicht von einigen Leerwaben und ermitteln die Honigmenge in den Melizitosewaben. In eine 120-Liter-Gärtonne mit großer Öffnung geben Sie nun ungefähr 70 Liter lauwarmes Wasser und stecken nach der Ermittlung des Melizitosehoniggewichtes soviele Waben ins Wasser, daß 36 kg Honig gelöst werden. Nach 2–3 Stunden wird der Honig in den Wabenzellen gelöst und kann ohne Probleme ausgeschüttelt werden. Sollte die Tonne für diese Arbeit zu klein sein, absolvieren Sie das Ausschütteln der Melizitosewaben in einem größeren Gebinde. Bevor Sie das Honigwasser in die Tonne zurückschütten, geben Sie ein feines Honigsieb darauf, damit die kleinen Wachsteilchen entfernt werden. Schöpfen Sie zusätzlich im Behälter die Wachsteilchen ab.

Nun haben Sie die Möglichkeit, nach den Metproduktionsrichtlinien Met herzustellen, indem Sie den Ansatz zuerst mittels Tauchwärmer auf 78 °C erhitzen, mit kaltem Wasser bis auf die 100-Liter-Marke auffüllen. Ist die Lösung auf 30 °C abgekühlt, geben Sie 30 g Hefenährsalze und 30 g einer gärkräftigen Hefe dazu. Halten Sie sich nach den Richtlinien, die zum Thema Met angeführt wurden.

Ist die Metgärung abgeschlossen, geben Sie eine gezüchtete Essigmutter dazu und spannen Sie statt des Tonnendeckels mit Gärspund ein Tuch über die Tonne, damit die Essigbakterien genügend Sauerstoff bekommen. Noch besser wäre es, eine Aquariumpumpe einzuhängen, damit der werdende Essig immer wieder belüftet wird. Nach etwa 3–4 Monaten ist der Honigessig fertig. Nehmen Sie vor der Abfüllung eine Probe, und lassen Sie den Essig auf den Mindestsäuregehalt untersuchen. Der Honigessig wird anschließend heiß oder kaltsteril in die gewünschten Flaschen gefüllt.

Streben Sie eine einfache, für den Hausgebrauch ausreichende Essigbereitung an, so laugen Sie einfach die Melizitosewaben im lauwarmen Wasser aus, schöpfen Sie die Wachsteilchen ab und geben Sie eine gezüchtete Essigmutter dazu. Nun spannen Sie ein Tuch über die Tonne und bringen das Ganze bei einer Temperatur von 25 °C zum Gären. Bei dieser Methode laufen die Hefegärung und die Bakteriengärung Hand in Hand und dauern ca. 6 Monate. Wichtig ist, daß der Ansatz von Zeit zu Zeit bewegt wird, damit die Essigbakterien arbeiten können. Entfernen Sie die Essigmutter gelegentlich, sie bildet sich immer wieder nach. Bei dieser Art der Essigerzeugung wird man kaum die 5 % Essigsäure, die für den Verkauf gesetzlich gefordert werden, erreichen, für den Hausgebrauch ist der Essig aber sicher ausreichend sauer.

Honig-Gewürz-Essig

Geben Sie in einen Glasballon einige Gewürze, wie Dill, Bohnenkraut, Estragon, Petersilie und etwas Knoblauch. Danach verdünnen Sie einen fertigen Met mit Wasser oder Apfelsaft, aber nur so weit herunter, daß er nicht unter 6 Vol. % Alkohol kommt, da man sonst nicht die gewünschten 5 % Essigsäure erzielt. Der Glasballon wird dann bis gut zur Hälfte angefüllt. Nun geben Sie eine Starterkultur bzw. eine gezüchtete Essigmutter hinzu. Auf die Flaschenöffnung stülpen Sie ein Tuch, damit die Essigbakterien belüftet werden können. Stellen Sie dann den Ansatz warm, damit er so richtig zu gären beginnt (25–28 °C). Es dauert nun ungefähr 2 Monate, bis der Essig fertig ist; Sie können natürlich von Zeit zu Zeit für den Salat oder die Gesundheit etwas Essig entnehmen. Dieser Essig eignet sich nur für den Eigengebrauch, da er durch die geringe Belüftung kaum die 5 % Essigsäure erreichen wird. Um zur gewünschten Essigsäure zu gelangen, sollten Sie den Essig in einer Honigkanne mit großer Öffnung ansetzen und zusätzlich eine Aquarienpumpe einhängen. Achten Sie darauf, daß keine Mücken in den Behälter kommen. Lassen Sie bei der Abfüllung in Flaschen einige Liter Essig mit der Essigmutter im Gärbehälter zurück, damit Sie eine neue Starterkultur zur Verfügung haben.

Honig-Walnuß-Essig

0,7 l Essig, 100 g halbierte Walnüsse ansetzen.

Der Essig ist etwas trüb, aber gut im Geschmack.

Honig-Petersilien-Essig

0,7 l Essig, 1 Büschel Petersilie, 1 Zweig Liebstöckel und 1 geschnittene Zwiebel ansetzen und nach 8 Tagen abseihen.

Die Kennzeichnung von Honigessig

Der Anteil an Zucker und Zuckerarten muß gänzlich aus dem Honig stammen.

Sachbezeichnung:
Honigessig oder Honig-Gewürz-Essig

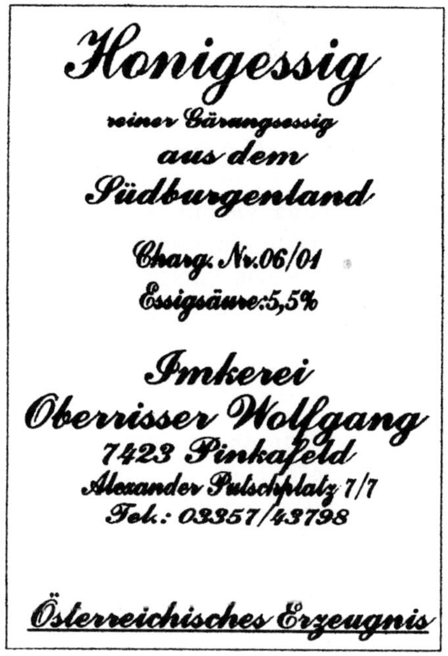

Säuregehalt in %

Essigart: reiner Gärungsessig

Name und Anschrift des Erzeugers (Imkers)

Nettofüllmenge nach Liter, Zentiliter (0,25 – 0,5 – 0,75 – 1 – 2 – 5)

Zutaten (das Wort „Zutaten" gefolgt von einer vollständigen Aufzählung aller Zutaten in absteigender Reihenfolge) – soferne nicht alle Zutaten in der Sachbezeichnung genannt sind, z. B. Honigessig mit Dill.

„Los" (Chargennummer)

Honigessig für die Gesundheit

Essig gehört zu den wertvollsten und gesündesten Nahrungsmitteln, dem keine chemischen Zusatzstoffe zur Stabilisation beigegeben werden müssen. Er ist ein reines Naturprodukt und wirkt sich auf die menschliche Gesundheit überaus positiv aus.

Honigessig hat eine entschlackende Wirkung.

Er bewirkt überdies eine Regelung der Darmflora und weist eine diätetische und desinfizierende, aber auch meist fiebersenkende Wirkung auf.

Vor allem seine entschlackende Wirkung ist besonders hervorzuheben. 2–3 Eßlöffel eines Honigessigs, mit lauwarmem Wasser verrührt, bewirken bereits eine gewisse Entschlackung. Es werden sowohl der Appetit als auch die Darmflora angeregt.

Essig für die Hautpflege

Essig mit seiner Vielfalt an Anwendungsmöglichkeiten wird vor allem auch in der Schönheitspflege eingesetzt. Seine reinigende und desinfizierende Wirkung wurde bereits besprochen. Gleichzeitig verleiht er der Haut auch ein jugendliches zartes Aussehen.

Honigessig für die Salat- und Speisenbereitung

Eine viel größere Bedeutung hat der Honigessig in der Speisen- und Salatbereitung. Es gibt zwar im Handel Essigsorten, die mit Honig versetzt, aber dennoch nicht vergleichbar mit reinem Honigessig sind, bei dem der Honiggeschmack viel besser zur Geltung kommt. Honigessig ist tatsächlich eine einzigartige Spezialität unter den Essigsorten.

LIKÖRE MIT BIENENHONIG

Geschichte der Likörerzeugung

Die Likörbereitung wurde im 13. Jahrhundert in Italien erfunden. Damals wurden Liköre (liquore, ital. = Flüssigkeit) in erster Linie als Medikamente verwendet. Man erstellte alkoholische Auszüge aus heilenden Pflanzen wie Kräutern, Wurzeln, Samen, Früchten, versüßt mit Honig, da man seinerzeit noch keinen Zucker zur Verfügung hatte, um den Geschmack zu verbessern. Man erkannte bereits, daß die Wirkstoffe der Heilpflanzen durch Alkohol gelöst und durch Honig veredelt werden.

Im 18. Jahrhundert kamen die ersten Zuckerfabriken auf. Zucker war zwar ein teures Lebensmittel, er wandelte sich aber im Verlauf der Zeit zu einem allgemeinem Verbrauchsgut in den Haushalten. Dadurch wurde das Selbermachen von Likören zu Hause sehr aktuell. So war die Likörbereitung lange Zeit ein wesentlicher Bestandteil eines gut geführten Haushalts.

In den letzten Jahrzehnten kam diese zwar etwas aus der Mode, da die industriell hergestellten Liköre geschmacklich, farblich, aromatisch und von der Aufmachung kaum mehr übertroffen werden konnten und der Berufsstreß überdies keine Zeit für die Likörherstellung ließ.

In jüngster Zeit scheint aber eine Trendwende eingetreten zu sein, wobei die Bauern und auch die Imker in der Likörherstellung einen Aufschwung erleben. Diese „Hobby-Likörbereiter" wollen den industriellen Likör nicht nachahmen, sondern etwas Eigenständiges, Außergewöhnliches, Selbstkreiertes schaffen, vor allem aber ein natürliches Produkt herstellen.

Auswahl und Vorbereitung der Zutaten

Alkohol

Alkohol entsteht durch Vergärung zuckerhaltiger Stoffe, wie Obst, Honig, oder durch Vergärung von Getreide, Erdäpfeln und anderen stärke- und zellulosehaltigen Rohstoffen. Dabei wird der Zucker durch die Hefegärung in Alkohol und Kohlensäure umgewandelt. Bei der Hefegärung kann ein Alkoholgehalt von 8–14 Vol. % erreicht werden.

Bei der Herstellung von Edelbränden werden die vergorenen zuckerhaltigen Flüssigkeiten destilliert. Der Alkoholgehalt wird um ein Vielfaches erhöht. Bei der Destillation handelt es sich um ein Trennverfahren, bei dem die festen bzw. nicht verdampfbaren Bestandteile, z. B. vergorene Obstmaische, von den verdampfbaren, wie Alkohol und Wasser, durch Wärme getrennt werden. Der typische Geschmack (Aromastoffe) geht bei der Destillation ins Destillat über. Die Aromastoffe verleihen den Edelbränden ihren typischen Geruch und Geschmack und verraten die Herkunft des Alkohols. Schädliche Nebenprodukte gehen bei einer anderen Temperatur in das Destillat über als der Alkohol. So können beim Destillieren der sich im Vorlauf befindliche giftige Methylalkohol und die im Nachlauf vorhandenen Fuselöle ausgeschieden werden. Nur das Herzstück wird weiterverwendet und nochmals gebrannt, da noch zuviel Wasser im Destillat enthalten ist und es einen Alkoholgehalt von ca. 40 Vol. % aufweist. Bei der zweiten Destillation kann dann ein Alkoholgehalt von bis zu 97 Vol. % erreicht werden.

Welche Brände werden für die Likörbereitung verwendet?
Landwirte werden für die Likörbereitung wahrscheinlich selbsterzeugte Brände verwenden. Diese haben aber den negativen Effekt, daß sie einen relativ starken Eigengeschmack aufweisen. Um einen geschmacklich einwandfreien Likör herzustellen, sollte man doch den teuren Weingeist mit 96 Vol. % aus der Drogerie kaufen. Dieser, auch Sprit genannt, ist der neutralste Alkohol und kann auch gut für das Einstellen auf den gewünschten und erforderlichen Alkoholgehalt verwendet werden.
Wußten Sie, daß...
- **Rum** ein Destillat aus vergorener Zuckerrohrmelasse ist?
- **Wodka** (Wodka = Wässerchen) einer der neutralsten klaren Schnäpse ist und aus Getreide, Erdäpfeln oder Zuckerrüben gewonnen wird?
- **Getreidebranntweine** sich wegen ihres geringen Eigengeschmacks für die Likörproduktion sehr gut eignen? Sie können aus Roggen, Weizen, Buchweizen, Hafer oder Gerste hergestellt werden.
- **Whisky** ein besonderer Getreidebranntwein ist, dessen typischer Rauchgeschmack auch bei seiner Verwendung im Likör noch leicht spürbar ist?
- **Weinbrand** die auf der Grundlage von Weindestillat hergestellte Flüssigkeit ist?
- **Cognac** ein Weinbrand ist, der aus bestimmten Gebieten Frankreichs stammt?
- **Kernobstbranntweine**, „Obstler" genannt, von Äpfeln und Birnen stammen?
- **Obstgeiste** aus zuckerarmen und aromatischen Früchten (z. B. Heidelbeeren, Ribiseln,...) hergestellt werden? Dabei setzt man frische, unvergorene Früchte mit Weingeist an. Der Alkohol wird nach einiger Zeit abdestilliert und reißt dabei das Fruchtaroma mit.

Wasser

Für die Likörbereitung verwendet man natürlich nur Trinkwasser, das geschmacklich den Anforderungen entspricht. Es darf nicht zu stark verchlort sein, da dadurch der Geschmack des Likörs wesentlich beeinflußt wird. Trinkwasser, das eine zu hohe Härte hat, erzeugt Trübungen im Likör, wobei sich nach einiger Zeit ein unerwünschter Bodensatz bildet. Für die Likörbereitung sollte also weiches Wasser, das nicht über 8 deutsche Härtegrade hat, verwendet werden.

Honig

Zum Versüßen der Liköre kann man anstatt des Zuckers Bienenhonig verwenden, der natürlich wesentlich gesünder ist. Dazu nimmt man Honige, die einen neutralen Geschmack aufweisen (z. B. Akazienhonig). Lindenblüten- oder Edelkastanienhonig haben einen zu intensiven Eigengeschmack und würden Liköre nicht bereichern. Der Nachteil bei der Verwendung von Honig zum Süßen der Liköre ist, daß sich die Eiweißstoffe des Honigs im Likör entfalten und das Produkt eintrüben. Diese Eiweißstoffe setzen sich aber nach einiger Zeit am Boden ab, und der Likör kann bis zum Satz abgefüllt werden. Eine andere Möglichkeit wäre, den jeweiligen Likör durch einen Vinomat oder durch andere Filtereinrichtungen zu filtern.

Auswahl der Früchte

Die äußerliche Schönheit zeigt nicht unbedingt, daß auch die inneren Werte der Frucht dem Aussehen entsprechen müssen.

Der richtige Reifegrad läßt sich an bestimmten äußerlichen Merkmalen erkennen, z. B. an der Farbe, der Festigkeit von Schale und Fruchtfleisch, am leichten Ablösen der Frucht vom Zweig und natürlich am Geschmack.

Die Frische der Früchte ist ebenfalls sehr wichtig, da sofort nach der Ernte biochemische und mikrobiologische sowie von Enzymen gesteuerten Abbauprozesse beginnen. Diese werden bei kühlen Temperaturen zwar verlangsamt, bringen aber immer einen Verlust von wertvollen Inhaltsstoffen.

Auch die Sauberkeit und Reinheit der Früchte ist wichtig, da sich im Schmutz massenhaft Mikroorganismen befinden, die dann das Obst faulen und schimmeln lassen und es in Gärung versetzen.

Wichtig: Keine Verwendung von faulem oder schimmeligem Obst, da sich hier giftige Schimmelpilze (Mycotoxine) befinden können.

Die Fruchtsaftgewinnung

Fast in jedem bäuerlichen Betrieb gibt es noch Fruchtspindelpressen, die in erster Linie für größere Mengen Obst verwendet wurden und werden. Diese Spindelpressen eignen sich auch zur Produktion größerer Mengen Likör. Der zurückbleibende Trester wird dabei nicht weggeworfen, sondern mit Alkohol angesetzt, um die wertvollen Geschmacksstoffe auszulaugen.

Bei kleineren Mengen für den Hausgebrauch werden die Früchte zunächst mit einem Haushaltsmixer oder einem Fleischwolf zerkleinert. Der durch das Zerteilen der Früchte entstandene Saft kann dann durch ein Seihtuch, das auf ein Gestell gebunden wird, in einen Behälter ablaufen. Danach quetscht man den Früchtebrei aus. Eine Haushaltszentrifuge erleichtert hier die restliche Entsaftung ungemein.

Der Früchtesaft ist sehr anfällig gegen Essigbakterien, deshalb sollte er am selben Tag verarbeitet werden. Wenn man gleich hochprozentigen Alkohol zugibt, damit der Fruchtsaft nicht verdirbt, muß dieser für das Endrezept berücksichtigt werden.

Eine nächste Variante der Saftgewinnung wäre das Einsetzen eines Dampfentsafters. Bei dieser in Haushalten oft üblichen Methode hat man zwar weniger Saftgewinn als bei der herkömmlichen Entsaftung mit einem Küchengerät, es werden aber bei der Hitze unerwünschte Pektine (z. B. in Johannisbeeren) zerstört, die für das Gelieren der Fruchtsäfte bei der Zugabe von Alkohol verantwortlich sind.

Ansetzen des Preßgutes

Um einen geschmacklich und farblich einwandfreien Likör zu erzielen, reicht es nicht aus, nur den ausgepreßten oder unter Dampf gewonnenen Saft zu verwenden. Die Geschmacks- und Farbstoffe liegen zumeist in den Schalen oder Häuten der Früchte. Diese ätherischen Öle können nur durch das Auslaugen mit Alkohol gewonnen werden.

Manche Früchte setzt man von Haus aus mit Alkohol an, da sie sich entweder schlecht pressen lassen oder man durch das Ansetzen eine bessere Qualität erreichen kann. Dazu verwendet man in jedem Fall Weingeist, da ein niedrigprozentiger Alkohol nicht den gewünschten Auslaugerfolg bringt. Aroma-, Geschmacks- und Farbstoffe gehen in den Likör über und verleihen ihm eine deutlich höhere Qualität. Falls man nur niedrigprozentigen Alkohol verwenden will, empfiehlt sich zuerst die Preßmethode und dann das Ansetzen des Preßgutes.

Setzt man z. B. Johannisbeeren an, sticht man diese an, damit der Alkohol leichter in die Frucht eindringen kann, gibt sie in ein Glas und bedeckt sie mit Weingeist. Wichtig ist, daß der Alkohol die Früchte vollkommen bedeckt, damit sie nicht verderben und schimmlig werden. Der Ansatz bleibt etwa zwei Wochen an einem warmen Ort verschlossen stehen. Danach können die Früchte abgeseiht werden. Wenn Sie ausgelaugte Früchte kosten, merken Sie, daß der Auslaugevorgang wirklich funktioniert hat und die Früchte kaum mehr ihren arttypischen Geschmack haben und eintönig schmecken. Jetzt ist der Extrakt fertig, und es können die restlichen Zutaten je nach Rezeptur, wie Honigwasser oder Zuckerwasser und Verfeinerungen, zugegeben werden. Dann lagert man den Fruchtlikör einige Monate, wobei die zugegebenen Stoffe mit dem Extrakt ein harmonisches Ganzes werden und die Aromastoffe erst richtig zur Entfaltung gelangen. Die Fruchtextrakte sollten in der Saison, d. h. sobald die Früchte eben reif sind, zubereitet und haltbar gemacht werden, so daß man sie später im Herbst oder Winter, wenn mehr Zeit vorhanden ist, zu Likören fertig machen kann.

Für die Likörbereitung eignen sich auch sogenannte „Drogen“, d. h. getrocknete, aromatische, teilweise medizinisch wirksame Pflanzenteile, die nur in kleinen Mengen verwendet werden. Es handelt sich dabei um Wurzeln, Kräuter, Blüten, Samen, Früchte und Rinden. Gewonnen werden die in den Drogen enthaltenen Öle, Fette und Harze mit Hilfe eines hochprozentigen Alkohols. Verwendet man einen schwächeren Alkohol, gehen mehr wasserlösliche Substanzen, wie Gerbstoffe, Bitterstoffe, Säuren, Stickstoffverbindungen und Kohlenhydrate, in die Lösung über. Drogen mit hohem Wasseranteil werden mit 70 bis 96%igem Alkohol ausgelaugt, trockene Kräuter dagegen mit 40 bis 60%igem Alkohol.

Der Auslaugevorgang ist immer vom Material abhängig. Frische Drogen benötigen oft nur einige Stunden, um ausgelaugt zu werden. Bei trockenen Drogen braucht die Mazeration einige Tage.

Für das Ansetzen der Drogen benötigt man verschließbare Gebinde (Einmachgläser), in die man die Drogen, in ein Leinensäckchen verpackt, einhängt und im Verhältnis 1 : 5 bis 1 : 10 den Alkohol eingießt, je nach Volumen der Drogen.

Bei der Mazeration sinken die gelösten Stoffe zu Boden, also sollte das Leinensäckchen höchstens bis ins untere Drittel des Gefäßes eingehängt werden, damit immer wieder frischer Alkohol zu den Drogen gelangt. Der sich in den Drogen befindliche Weingeist wird entweder ausgepreßt oder mit einer Hauszentrifuge herausgeschleudert. Der so entstandene Extrakt ist lange haltbar.

Likörrezepte

Adventfeuer (Rotweinlikör)

1 l Rotwein, 400 g Akazienhonig, 1 Päckchen Vanillezucker, 1 Blutorange, ¼ l Weingeist, ¼ l Rum

- Den Rotwein mit dem Akazienhonig und dem Vanillezucker aufkochen (den durch den Honig gebildeten Schaum abschöpfen).
- Die Blutorange auspressen, den Saft mit etwas Weingeist verdünnen und durch ein Leinentuch filtrieren.
- Wenn das Rotweingemisch erkaltet ist, rühren Sie den Weingeist und den Rum ein.
- Den Likör in einer durchsichtigen Flasche ansetzen (bei größeren Mengen in Glasballons).
- Den Ansatz ungefähr eine Woche stehen lassen, bis sich die Eiweißstoffe des Honigs am Boden der Flasche abgesetzt haben. Wenn dies erfolgt ist, kann der Likör in Flaschen gefüllt werden.
- Den Bodensatz können Sie mit einem Schichtenfilter durchfiltern oder naturtrüb trinken. Der Eiweißsatz sieht zwar nicht schön aus, ist aber sehr gesund.

Holunderlikör

1,5 l reife Holunderbeeren, 1,5 l Wasser, ¾ kg Akazienhonig, ¾ l Weingeist, ⅛ l Rum, 2 Gewürznelken, 2 Päckchen Vanillezucker

- Holunderbeeren mit Wasser und Gewürznelken ca. 30 Minuten kochen.
- Holundersaft abseihen und die Beeren durch ein Leinentuch pressen.
- Saft mit Akazienhonig und Vanillezucker vermischen und nochmals 15 Minuten kochen.
- Nachdem der Saft abgekühlt ist, Weingeist und Rum dazugeben und in Flaschen füllen.

Himbeerlikör

1 kg Himbeeren, 1 Stange Zimt, 5 Gewürznelken, 1,5 l Kornbrand, 250 g Honig, 300 ml Wasser

- Himbeeren pürieren und in ein weites Glas einfüllen.
- Zimt und Nelken dazugeben.
- Mit 38%igem Kornbrand übergießen und gut verrühren. Glas gut verschließen.

Ob Honig, Propolis, Essig, Met oder Likör, die hergestellten Produkte müssen geschmackvoll präsentiert werden

- 3 Wochen lang ansetzen. Danach den Ansatz durch ein Leinentuch abgießen und die Himbeermasse auspressen.
- Honig mit Wasser aufkochen, abschäumen und abkühlen lassen.
- Alles zusammenmischen, in Flaschen füllen und drei Wochen reifen lassen.

JOHANNISBEERLIKÖR

2 l sehr reife Johannisbeeren, abgerebelt, 4 l Weingeist, 1 kg Honig, Zimtrinde, 3 Gewürznelken

- Die Beeren übergießt man mit dem Weingeist und läßt den Ansatz 3 Wochen in einem verschlossenen Glas an der Sonne stehen.
- Die Flüssigkeit wird nach 3 Wochen abgegossen.
- 1 kg Honig wird mit 2 l Wasser, einer Zimtrinde und 3 Gewürznelken aufgekocht.
- Nachdem das Honigwasser abgekühlt ist, alles zusammenmischen und in Flaschen füllen.

HEIDELBEERLIKÖR

1 kg Heidelbeeren, ¼ l Obstler, 250 g Honig, 2 Gewürznelken und 1 Stange Zimt

- Heidelbeeren entsaften und danach den Saft mit Gewürznelken und Zimtrinde ca. 15 Minuten kochen.
- In den noch heißen Saft Honig einrühren und durch ein Tuch gießen.
- Das Ganze nochmals aufkochen, danach erkalten lassen und den Obstler hinzufügen.
- In Flaschen füllen und einige Monate reifen lassen.

BROMBEERLIKÖR

1 kg Brombeeren, 1 l Weinbrand, ¾ Liter Wasser, 700 g Honig

- Brombeeren zerquetschen, mit Weinbrand bedecken und verschlossen 3 Wochen kühl und dunkel lagern.
- Danach durch ein feuchtes Leinentuch filtern und den Rückstand mit Wasser und Honig ca. 5 Minuten kochen und nochmals filtrieren.
- Den so gewonnenen Saft abkühlen lassen und mit dem abgeflossenen Alkohol vermengen.
- In Flaschen füllen und einige Monte reifen lassen.

BEERENLIKÖR

600 g verschiedene Beeren (Himbeeren, Brombeeren, Ribisel...), ¼ Vanilleschote, ½ l Weinbrand, ½ l Wasser, 400 g Honig

- Beeren, Vanilleschote und Weinbrand in eine Flasche füllen und 6 Wochen an die Sonne stellen.

- Honig mit Wasser ca. 5 Minuten kochen und erkaltet dem Ansatz beimischen.
- Nochmals einige Tage stehen lassen, dann filtrieren und in Flaschen füllen.

Marillenlikör

1 kg Marillen, 200 g Zucker, 1 EL Honig, 3 Gewürznelken, ⅓ l Marillenbrand

- Die gesäuberten Marillen grob zerschneiden und mit den Nelken in eine Flasche füllen.
- Honig in Marillenbrand auflösen und über die Marillen gießen.
- Flasche gut verschließen und ca. 5 Wochen kühl lagern.
- Danach den Saft abseihen und die Früchte etwas auspressen.
- Den Preßrückstand mit Wasser aufkochen und nochmals auspressen.
- Den Saft mit Zucker vermengen und unter Abschäumen ca. 5 Minuten kochen.
- Überkühlt zum Fruchtsaft gießen und nochmals filtrieren.
- In Flaschen füllen und gut verschlossen kühl lagern.

Honiglikör 1 (Bärenfang)

450 g Honig, 440 ml Weingeist, Wasser bis zur 1-Liter-Marke

- Den Honig mit ca. 250 ml Wasser erwärmen, bis er sich unter ständigem Rühren auflöst.
- Nach dem Abkühlen den Weingeist zusetzen und mit Wasser auf die 1-Liter-Marke auffüllen. Den Likör in eine klare Flasche füllen.
- Der Likör wird zunächst durch die Eiweißstoffe des Honigs eingetrübt, die sich bei längerem Ansetzen absetzen. Kalt stellen fördert diese Schönung.
- Nachdem die Trubstoffe abgesunken sind, den Likör bis zum Bodensatz abfüllen. Den Rest filtrieren.

Honiglikör 2

1 l Birnenbrand oder Kornbrand, ½ kg Honig, ¼ geriebene Muskatnuß

- Alkohol leicht erwärmen und den Honig einrühren, bis er aufgelöst ist.
- Den Likör in eine durchsichtige Flasche füllen, Muskatnuß dazugeben und kühl stellen.
- Sobald sich die Eiweißstoffe abgesetzt haben, den Likör abfüllen.

Pfirsichlikör

300 g reife Pfirsiche, 350 ml Weingeist, 50 ml Weinbrand, 250 g Honig, 250 ml Wasser

- Die Pfirsiche werden entsteint, die Steine aufgeschlagen und die Kerne mit dem Fruchtfleisch in einer Küchenmaschine unter Zusatz von Weingeist zerkleinert.

- Den Fruchtbrei in ein verschließbares Gefäß füllen und 14 Tage unter gelegentlichem Rühren stehen lassen.
- Anschließend den ganzen Ansatz auf ein Seihtuch geben, den Extrakt ablaufen lassen und mit der Hand nachpressen. Über die Rückstände soviel Wasser gießen, daß ca. 500 ml Gesamtextrakt entstehen.
- Honig mit Wasser aufkochen und abkühlen lassen.
- Den Weinbrand und die Houiglösung dem Extrakt zugeben und mit Wasser bis zur 1-Liter-Marke auffüllen.

Heiße Getränke

Honigpunsch

4 l Rotwein, 1 kg Honig, 4 Päckchen Vanillezucker, 1,5 l Wasser, 4 Orangen, ¼ l Rum, ½ l Orangensaft, 4–6 Gewürznelken

- Rotwein, Honig, Vanillezucker, Wasser und Gewürznelken miteinander aufkochen.
- Orangen auspressen und den Preßsaft grob sieben.
- Gekauften und frisch gepreßten Orangensaft zusammen mit dem Rum in die heiße Lösung geben und nochmals erhitzen.

Damenpunsch

400 g Honig läßt man mit dem Saft von 4–5 Zitronen und einer Flasche Arrak (Branntwein aus Zuckerrohrmelasse und Reis) zugedeckt 1 Stunde ziehen, gießt dann 2 l kochendes Wasser zu und verrührt dies kräftig.

Brennender Punsch

1 ½ Flaschen Weißwein, 1 Flasche Rotwein, ½ kg Honig, ¼ l Rum werden zum Kochen gebracht. Nachdem der Punsch in das Bowlengefäß gefüllt ist, gibt man einen Schuß Weingeist darüber, zündet ihn an und serviert ihn brennend.

Eier-Honig-Grog

⅛ l Wasser, 1 Eigelb, 1 EL Honig, 2 cl Rum

Eigelb in ein Glas geben, mit Honig und Rum vermischen und mit heißem Wasser aufgießen.

Heisses Metgetränk

½ Glas Met, ½ Glas Apfelsaft, etwas Zitronensaft, 1 Zimtstange

Die Zutaten werden zusammengemischt, erhitzt und heiß getrunken.

Eierpunsch

6 Dotter, 250 g Honig, ½ Orange, ½ l Rotwein, 1 Päckchen Vanillezucker

Die Dotter werden mit dem Honig und dem Saft der Orange verrührt, bis das Ganze schaumig dick ist. Dann gibt man den Rotwein, der mit dem Vanillezucker aufgekocht worden ist, dazu und sprudelt dies über Feuer, bis es dicklich wird und steigt. Man serviert den Punsch heiß in Kelchgläsern.

Silvesterpunsch

½ l Wasser, 400 g Honig, Schale von 4 Orangen und 2 Zitronen (unbehandelt), 750 g Honig, 2 l Wasser, Saft von 7 Orangen und 3 Zitronen, Schwarzer Tee, Rum

Man läßt 400 g Honig in ½ l Wasser aufkochen, gießt das Ganze in einen Topf über die Schalen von 4 Orangen und 2 Zitronen (die Schalen sollten so geschält sein, daß nichts von der weißen Haut daranbleibt, da der Sud sonst bitter wird) und stellt diese Lösung zugedeckt beiseite. Inzwischen kocht man ¾ kg Honig mit 2 l Wasser auf, preßt den Saft von 7 Orangen und 3 Zitronen dazu, fügt etwas Schwarzen Tee und Rum hinzu sowie die erste Honiglösung mit den Orangenschalen. Alles gut verrühren, abseihen und heiß servieren.

Etikettengestaltung

Sachbezeichnung (Honiglikör)
Der Alkoholgehalt sollte mindestens 15 Vol. % betragen.
Der Zuckergehalt muß mindestens 100 g / l betragen.

Name und Anschrift des Erzeugers

Nettofüllmenge in Liter (0,02 – 0,03 – 0,04 – 0,05 – 0,1 – 0,2 – 0,35 – 0,5 – 0,7 – 1 – 1,5 – 2 – 2,5 – 3 – 4,5), Angaben in Zentiliter möglich

Alkohol in Vol.% auf höchstens eine Dezimalstelle

Los „L" Charge

Die gesetzlich vorgeschriebene Etikettierung sollte dekorativ gestaltet sein

DIE HEILKRAFT VON BIENENPRODUKTEN

Die Heilkraft von Bienenhonig

Wie kann man Bienenhonige unterscheiden?

Schon allein durch das Aussehen ist es möglich, festzustellen, ob es sich um einen Blüten- oder Honigtauhonig handelt. Jeder Honig hat nicht nur seinen charakteristischen Geschmack – vom neutralen Akazienhonig über hocharomatischen Lindenblütenhonig bis zum bitter schmeckenden Edelkastanienhonig –, jeder Honig hat auch seine spezifische Wirkung auf den menschlichen Organismus, die er durch die jeweilige Pflanze, von der er stammt, verliehen bekommt. Die Bienen tragen Nektar verschiedenster Pflanzen ein, der zu Blütenhonig verarbeitet wird. Gibt es Massentrachten, wird man den Honig in Sorten unterteilen, wenn er alle Sortenanforderungen erfüllt. Ist kein überwiegender Teil einer Pflanzenart zuzuordnen, bezeichnet man den Honig als Blütenhonig. Blüten- mit Waldhonig oder umgekehrt nennt man Honige, die bei einer elektrischen Leitfähigkeit zwischen 500 und 800 Mikrosiemens liegen. Als Waldhonig wird Honig verkauft, wenn er über 800 ms aufweist.

Welche Honigsorten gibt es in Österreich, und welche Heilwerte besitzen sie?

Obstblütenhonig ist zartgelb bis goldgelb und hat ein sehr angenehmes Aroma. Meist findet sich auch viel Löwenzahn darin, der zur gleichen Zeit blüht. Blütenhonige haben eine sehr positive Wirkung auf Allergiker, sie kräftigen und weisen eine schmerzlindernde Wirkung auf.

Löwenzahnhonig ist goldgelb und kristallisiert wegen seines hohen Traubenzuckergehaltes sehr schnell. Ihm wird eine blutreinigende Wirkung nachgesagt, weiters findet er bei Leber-, Nieren- und Gallenleiden Verwendung.

Rapshonig ist von heller Farbe und kristallisiert innerhalb einer Woche. Nach seiner Kristallisation kann er beinahe weiß und cremig in der Konsistenz sein. Rapshonig wird eine beruhigende und entspannende Wirkung nachgesagt.

Akazienhonig zeichnet sich dadurch aus, daß er durch seinen hohen Fruchtzuckeranteil bis zu einem Jahr flüssig bleibt. Er hat in reiner Form eine durchsichtige, ganz blaßgelbe Farbe und erhält durch das enthaltene Akazin seinen typischen Geruch und Geschmack. Er soll sich positiv auf Husten und Erkältungskrankheiten auswirken. Außerdem besitzt er blutreinigende Eigenschaften. Akazienhonig läßt sich infolge seines neutralen Geschmacks sehr gut in Getränken, Joghurts und Müslis sowie zum Backen verwenden.

Lindenblütenhonig weist eine grünlichgelbe Farbe auf und bleibt relativ lange flüssig. Mit etwas Glück gibt es auch Honigtau auf der Linde, und der Honig wird sehr dunkel. Lindenhonig in reiner Form ist sehr aromatisch und pikant im Geschmack. Er wirkt antiseptisch, nervenberuhigend und wird auch bei fiebrigen Erkrankungen, Nervosität und Schlaflosigkeit eingesetzt.

Waldhonig hat eine dunkelbraun-schwarze Farbe und kann je nach Sorte relativ lange flüssig bleiben. Reiner Tannenhonig bleibt bis zu einem Jahr flüssig und hat eine sehr dunkle, grünschimmernde Farbe. Waldhonig kann bei Atemwegserkrankungen erfolgreich eingesetzt werden.

Edelkastanienhonig hat in reiner Form ein bernsteinfarbenes Aussehen und schmeckt sehr bitter. Glücklicherweise werden aber zur gleichen Zeit Nektar von anderen Pflanzen (Linde) und meist auch Honigtau (Blatthonig) dazugetragen, wodurch sich der Honig sowohl in der Farbe als auch im Geschmack verändert. Er schmeckt dann milder und wird von den Kunden besser angenommen. Kastanienhonig wirkt blutreinigend, hemmt die Neigung zu Thrombosen und hilft bei Erschöpfung und Appetitlosigkeit.

Welche Hauptwirkungen hat der Bienenhonig?

- **Allgemeine Kräftigung bei Müdigkeit und Leistungsschwäche**
  Bedingt durch den modernen Alltagsstreß, fühlen sich viele Menschen überfordert, und es kommt in der Folge zu Erschöpfungs- und Müdigkeitszuständen, die durch eine Ernährungsumstellung sowie ausgleichende sportliche Aktivitäten positiv beeinflußt werden können. Dadurch, daß die im Honig befindliche Glucose sofort ins Blut übergeht, kann die Leistung auf natürliche Weise gesteigert werden. Durch die regelmäßige Einnahme von Bienenhonig sowie Streßreduzierung wird nicht nur eine allgemeine Kräftigung, sondern auch eine Leistungssteigerung erzielt. Um wieder die volle Vitalität zu erreichen, reichen 3–4 TL Honig am Tag.
  Honig ist vor allem für ältere Menschen von Bedeutung. Ein „Beweis" dafür ist eine Untersuchung, die besagt, daß sich unter den über 100jährigen Russen viele Imker befinden.
  Bienenhonig wirkt sich aber auch sehr gut in der Rekonvaleszenz, nach schweren Krankheiten und Operationen, aus, indem er zu einer allgemeinen körperlichen Stärkung wesentlich beiträgt.

- **Stärkung der Widerstandskraft**
  Bei regelmäßiger Einnahme von Bienenhonig wird auch das Immunsystem gestärkt. Honig wird als bewährtes Hausmittel gegen verschiedenste Krankheiten, die Fieber hervorrufen, eingesetzt. Er sollte auch in der Nahrung jedes Sportlers einen

festen Platz einnehmen, da er die Leistung steigern hilft. Sogar Sir Edmund Hillary, der Erstbesteiger des Mount Everest (1953), der selbst Imker war, hatte 2 kg Honig in seinem Gepäck.

- **Stärkung der Nerven**
  Honig hat überdies auch eine beruhigende Wirkung. Angespannte, leicht nervöse Menschen sollten daher auf dieses natürliche Hausmittel zurückgreifen, um Medikamenten, die sich auf die Organe, vor allem auf die Leber, negativ auswirken können, auszuweichen. Auch Schulkinder, die vor einer Prüfung stehen, sollten zumindest einen Teelöffel Honig zu sich nehmen, dies wirkt ausgleichend und spannungslösend.

- **Beseitigung von Schlafstörungen**
  Schlafstörungen sind eine moderne Krankheit, die nicht nur bei älteren Menschen auftritt, sondern auch schon die jüngere Generation belastet. Es mag vielleicht sein, daß der Alltag wirklich so schwierig geworden ist und einem soviel abverlangt wird, daß man sich auch nach dem Schlafengehen Kopfzerbrechen macht, den Tag Revue passieren läßt und nicht abschalten kann. Zählen Sie zum Kreis jener Menschen, die eine derartige Schlafstörung plagt, dann nehmen Sie nicht einfach irgendwelche Schlaftabletten, sondern probieren Sie es doch mit einem Eßlöffel Honig oder einem Glas Honigmilch, um wieder innere Ruhe einkehren zu lassen.

- **Kräftigung des Herzmuskels**
  Honig gilt aber auch als Nahrung des Herzens. So kann er bei schweren Herzleiden gemeinsam mit hochwirksamen Medikamenten erfolgreich eingesetzt werden, ohne daß es zu unerwünschten Nebenwirkungen kommt. Es ist wissenschaftlich bewiesen, daß Honig eine herz- und kreislaufaktive Substanz enthält, die man in keinem anderen Zucker findet und die eine Durchblutung der Herzkranzgefäße sowie Normalisierung des gesenkten Blutdruckes, der durch eine Herzinsuffizienz hervorgerufen wird, bewirkt.
  Zur Verbesserung der Herzaktivität gibt es verschiedene Rezepturen:
  Verschiedene Teesorten oder Pflanzenextrakte (Weißdornextrakt, Kamillentee, Schafgarbentee, Schlüsselblumentee, Waldmeistertee, Melissentee, Rosmarintee), die auch herz- und kreislauffördernd wirken, mit Honig mischen (jeweils 1 EL Honig auf eine Tasse) und täglich 3 Tassen trinken.

- **Bakterienfeindliche und entzündungshemmende Wirkung**
  Wir wissen alle, daß Honig bei richtiger Lagerung und guter Qualität sehr lange haltbar ist. Dies ist auf antibiotische Substanzen zurückzuführen, die entweder pflanzlicher Art sein können (Flavonoide, Terpene, Säuren), oder auf Inhibine, die bei der Oxydation der Glucose entstehen und das Wachstum von Bakterien unterbinden.

Außerdem sind diese Substanzen für die Bienen selbst sehr wichtig, da dadurch Krankheiten im Volk weitgehend unterbunden werden können.
Im Gegensatz zu anderen Antibiotika tötet der Honig aber nicht alle Keime, vor allem nicht die nützlichen, die der Körper benötigt, um sein Immunsystem zu stärken.
Zum Schutz vor Infektionen müssen Bienenprodukte vorbeugend in den Mahlzeiten eingegliedert sein. Tritt eine Grippe auf, hilft Honig, diese schneller zu überwinden.
Zur Vorbeugung gegen Infektionskrankheiten genügen 2 bis 3 TL Honig täglich. In Verbindung mit anderen natürlichen Substanzen, wie z. B. Knoblauch, kann der Erfolg dementsprechend erhöht werden.

- **Bessere Durchblutung des gesamten Körpers – Vorbeugung gegen Arterienverkalkung**
  Arteriosklerose ist nicht ausnahmslos eine Alterskrankheit, sondern kann bereits bei Kindern in Form von Ablagerungen in den Arterien entstehen.
  Um eine bessere Durchblutung zu erzielen, sollte man jeden Tag mindestens 30 g Honig zu sich nehmen.

- **Förderung der Verdauungsfunktion**
  Ärzte fanden heraus, daß Honig die Verdauungstätigkeit fördert. Speziell Menschen, die, bedingt durch ihren Beruf, wenig Bewegung machen, neigen zur Darmträgheit. Ältere Menschen leiden oft an Blähungen und Verdauungsproblemen, da die Darmtätigkeit nachläßt. Hier kann Honig sehr hilfreich sein und diese Probleme aus dem Weg räumen. Manche Menschen bekommen nach der Einnahme von Honig Sodbrennen, ein typisches Zeichen dafür, daß der Magen schon vorher übersäuert war. Honig regelt die Magensäure, und die Nahrung kann problemlos verwertet werden. Zusätzlich regen die Aromastoffe im Honig die Verdauungssäfte an und fördern somit auch den Appetit. Wenn das Endprodukt Honig nicht durch menschliche Einwirkung (Spritzmittel) negativ verändert wird, bleibt sein hoher Stellenwert in der Nahrungskette erhalten und kann auch bei Kleinkindern und Säuglingen erfolgreich eingesetzt werden. Letztere vertragen Honig sehr gut. Er steigert den Appetit der Säuglinge, schwache Babys kommen bald zu Kräften. Sehr wichtig ist der Schutz gegen verschiedene Infektionskrankheiten und Blähungen, welche Kleinkinder oft plagen, der durch Honig gewährt wird. Honig hilft weiters, bei Neugeborenen die Gelbsucht abzubauen, die Gewichtszunahme rasch zu steigern, er fördert die Blutbildung, den Kalzium- und Magnesiumhaushalt und die Bildung gesunder Zähne. Wußten Sie, daß Honig – im Gegensatz zu anderen Süßigkeiten – keineswegs kariesfördernd ist?
  Kinder mit Lernschwierigkeiten sollten nicht gleich Arzneimittel bekommen, sondern eine Honigkur versuchen (3–4 TL pro Tag genügen), um die Gehirndurchblutung zu steigern und zu besseren Lernerfolgen zu gelangen.

- **Entgiftung der Leber**
  Die Leber ist das wichtigste Entgiftungsorgan in unserem Körper. Sie benötigt für ihre Arbeit genügend Glucose, um ordentlich funktionieren zu können, was durch die Einnahme von Bienenhonig gewährleistet wird. Honig kann sehr gut zur Entgiftung des Organismus nach Narkosen und zum Abbau schwerer Medikamente eingesetzt werden. Fehlernährung und Umweltgifte, die mit der Nahrung aufgenommen werden, belasten ebenso die Leber und müssen abgebaut werden, wobei Honig sehr hilfreich sein kann. Bei Gallenerkrankungen und Leberentzündungen wird Honig ebenso oft erfolgreich eingesetzt.

- **Honig in der Schwangerschaft**
  Während der Schwangerschaft muß der Körper einer werdenden Mutter Übermäßiges leisten. Honig hilft hier ein bißchen, ihm fehlende Energie und Vitalstoffe zuzuführen. Daher sollten während der Schwangerschaft 3–4 TL Honig täglich eingenommen werden. Auch das gefürchtete Schwangerschaftserbrechen, das Mutter und Kind sehr belastet, kann nach klinischen Erfahrungen durch Honig positiv beeinflußt werden, da Honig einer der wenigen Stoffe ist, die vertragen und nicht gleich wieder erbrochen werden.

Honig zur äußeren Anwendung

Honig trägt auch viel zur Desinfektion, aber auch zur Wundheilung bei. Dies war auch bereits den Menschen im Mittelalter und weit davor bekannt, die mit Honigumschlägen ihre Wunden behandelten. Durch den Honig werden eventuelle Verunreinigungen aus der Wunde herausgezogen und Bakterien sowie Viren abgetötet. Es kommt somit zu keiner Entzündung oder Eiterung, und die Wunde kann störungsfrei heilen.

Honig wird auch bei Abszessen, Verbrennungen, Furunkeln, Prellungen, Quetschungen, Muskelkrämpfen und Blutergüssen erfolgreich eingesetzt, indem man die betreffenden Stellen direkt mit Honig einstreicht und mit einem Mulltuch abdeckt.

Die Heilkraft von Blütenpollen

- Pollen kann sehr gut bei **Prostataleiden** eingesetzt werden. Außerdem wird durch die im Pollen enthaltenen Wirkstoffe, vor allem durch Hormone, männliche **Impotenz** erfolgreich bekämpft. Es sollten für beide Leiden 2–3 TL pro Tag eingenommen werden.
- Bei **Leber-** und **Gallenblasen-Erkrankungen** hat man mit dem Einsatz von Blütenpollen gute therapeutische Ergebnisse erzielt. Durch die gute antibiotische Wirkung des Pollens hat man sogar Leberzirrhose, angegriffene und entzündete Gallenblasen gut behandeln können.
- Pollen verbessert auch die Gedächtnisleistung, also die **Gehirndurchblutung**. So kann etwa der Lernerfolg bei Schülern durch Polleneinnahme gesteigert werden.

- Weiters wirkt Pollen **verdauungsfördernd** und hilft die **Darmflora aufzubauen**. Er wird sowohl gegen Durchfall als auch gegen Verstopfung angewandt.
- Pollen fördert den **Appetit**, verbessert das Allgemeinbefinden und hilft, die Verdauungsfunktionen durch die Vitalstoffe, die sich im Pollen befinden, wieder aufzubauen.
- Pollen kann **Schlafstörungen, Müdigkeit, Mangelkrankheiten** und sogar **Haarausfall** beseitigen.
- Pollen wirkt **cholesterinsenkend** und hat eine positive Wirkung bei **Durchblutungsstörungen**.
- **Anämie** (Blutarmut) kann ebenso mit Pollen gut behandelt werden, zumindest verbessert sich das Allgemeinbefinden nach kurzer Zeit.
- Er baut **Muskeln** und **Körpersubstanz** auf, deshalb ist er bei Sportlern sehr gefragt.
- Durch das im Pollen enthaltene Provitamin A wird schließlich auch die **Sehkraft** erheblich gestärkt.

Die Hauptwirkungen der Propolis

Wissenschaftliche Studien erwiesen, daß die Propolis über 70 bekannte Wirkungen aufweist.

- **Antibiotische Wirkung**
  Die Propolis beinhaltet sogenannte Flavonoide, das sind natürliche antibiotische Stoffe, die das Wachstum von Bakterien, Viren und Pilzen verhindern.
- **Lokalanästhesierende, entzündungshemmende und desinfizierende Wirkung**
  Die Propolis wurde in verschiedenen Kriegen (Napoleonische Kriege, Burenkriege, 1. und 2. Weltkrieg usw.) zur Behandlung von Schuß- und Brandwunden eingesetzt, weiters zur Schmerzlinderung, vor allem aber zur Desinfektion und Wundheilung. Auch heute werden Wunden mit Hilfe von Propolislösungen und Cremen geheilt.
- **Antivirale und -bakterielle Wirkung**
  Die Propolis wirkt gegen eine Vielzahl von Bakterienstämmen und Viren, unter anderem auch gegen Salmonellen, Streptokokken, Tuberkelbazillen, Herpes-Viren und vielen mehr.
- **Neutralisierende Eigenschaften**
  Die Propolis weist neutralisierende Eigenschaften gegenüber Herbiziden, Hormonen, Antibiotika und Konservierungsgiften auf.
- **Stärkung des Immunsystems**
  Wird die Propolis regelmäßig eingenommen (täglich 10 Tropfen), können das Immunsystem dementsprechend gestärkt und fiebrige Erkrankungen abgewehrt werden.
- Die Propolis wird auch zur **Konservierung** verschiedener Lebensmittel eingesetzt, z. B. zum Konservieren von Fisch.

z. B. zum Konservieren von Fisch.

Etwa 1 % der Menschen entwickelt Allergien bei der Anwendung von Propolis, deshalb sollte sie bei der erstmaligen Verwendung zuerst auf der Haut angebracht und erst dann in kleinen Mengen (2 Tropfen) eingenommen und probiert werden. Spricht man allergisch auf die Propolis an, muß sie natürlich unverzüglich abgesetzt werden.

Anwendungsbereiche der Propolislösung

- Bei allen fiebrigen Erkrankungen 3x tgl. 30 Tropfen auf ein Stück Brot, Zucker, 1 TL Honig oder in etwas Flüssigkeit.
- Bei Prostataentzündungen 1x tgl. 30 Tropfen.
- Im Klimakterium 1x tgl. 30 Tropfen 1 Jahr lang vor der Menopause.
- Bei hohem als auch niedrigem Blutdruck 30 Tropfen täglich.
- Bei Nieren- und Leberentzündungen 2x tgl. 40 Tropfen.
- Bei Katarrhen sowie Angina oder Halsentzündungen sowie bei Erkältungskrankheiten, um Folgeerscheinungen vorzubeugen, tgl. 40 Tropfen.
- Bei Magen- und Darmgeschwüren 40 Tropfen in 100 ml warme Milch geben und das Ganze auf nüchternen Magen einnehmen.
- Bei Hühneraugen und Hornhaut lege man einen in Lösung getauchten Wattebausch auf. Mehrmals wiederholen. Am Tag Propoliscreme.
- Bei Hautdefekten, welche Alkohol vertragen, reibe man die erkrankte Stelle mit Propolislösung ein.
  In 100 ml lauwarmes Wasser werden 40 Tropfen Propolis eingeträufelt und das Gesicht nach jeder Rasur damit gewaschen.
- Bei Pilzerkrankungen zwischen den Zehen werden die befallenen Stellen mit der Lösung eingerieben.
- Bei Magenschmerzen gebe man 50 Tropfen in 100 ml Tee. Diese Lösung ist auch bei Darmparasiten mit Erfolg anzuwenden.
- Bei Zahnschmerzen einen kleinen Wattebausch mit Lösung tränken und auf den erkrankten Zahn geben.
- Bei Tuberkulose 3x tgl. 30 Tropfen einnehmen und 2x wöchentlich über Dampf inhalieren. Zu diesem Zweck gibt man 100 Tropfen Lösung in ¼ l Wasser.

Anwendungsbereiche der Propoliscreme

- Gelenks-, Glieder- und Muskelschmerzen, Rheuma, Arthritis, Hexenschuß, Ischias und Tennisarm (die betroffenen Stellen 2x tgl. einreiben).
- Zerrungen, Sehnenscheidenentzündungen, Prellungen und Quetschungen.
- Verschlossene Wunden, Ekzeme, Nesselausschläge und Zellgewebsentzündungen.
- Hautkrankheiten wie Akne, Furunkel und Neurodermitis.
- Hämorrhoiden, Fußpilz und Fieberblasen.
- Gürtelrose, Schuppenflechten und Brandwunden 1. Grades.
- Sport- und Heilmassage.

Die Wirkung von Gelée Royale

Gelée Royale kann pur, wobei es immer gekühlt aufbewahrt werden muß, in Kapselform, eingerührt in Honig oder vermengt mit anderen Bienenprodukten (Propolis, Pollen, Honig) eingenommen werden. Es wird auch in der kosmetischen Industrie in verschiedene Produkte eingearbeitet, vor allem in Cremen.

Gelée Royale findet in folgenden Bereichen Verwendung

- Bei Frühjahrsmüdigkeit und Erschöpfung
- Zur Stabilisierung des Nervensystems
- Bei Krankheiten der Verdauungsorgane
- Bei Herz-Kreislauf-Störungen
- Zur Regelung des Blutdruckes
- Bei Angina pectoris
- Bei sexuellen Störungen
- Bei Menstruationsstörungen
- Bei Beschwerden während der Wechseljahre

LITERATURVERZEICHNIS

Baden und Duschen,	Pabel Moewig Verlagsunion, 1997
Das gelungene Make-up,	Pabel Moewig Verlagsunion, 1997
Gegen Cellulitis,	Pabel Moewig Verlagsunion, 1997
Gepflegte Hände und Nägel,	Pabel Moewig Verlagsunion, 1997
Gesunde reine Haut,	Pabel Moewig Verlagsunion, 1997
Glänzendes volles Haar,	Pabel Moewig Verlagsunion, 1997
Ihre Wunschfigur,	Pabel Moewig Verlagsunion, 1997
Kleine Gesundheitsbibliothek,	Naturkosmetik, 1997
Massage mit ätherischen Ölen,	Pabel Moewig Verlagsunion, 1997

Bardey, C.:	Seifen und Düfte, Könemann Verlag, 2000
Dany, B.:	Selbstgemachtes aus Bienenprodukten, Ehrenwirth Verlag, 1988
George, H.:	Liköre – zu Hause gemacht, Weltbild Verlag, 1991
Herold/Leibold:	Heilwerte aus dem Bienenvolk, Ehrenwirth Verlag, 1996
Kernhofer, C.:	Das Frau- und Mutter Kochbuch. Frau und Mutter-Verlag Wien 1954
Neuhold, M.:	Naturkosmetik und Parfum selbstgemacht, Leopold Stocker Verlag, Graz 1997
Proidl-Stachel, M.:	Naturkosmetik, Lechner Verlag, Limassol, 1992
Pütz/Niklas.:	Cremes und sanfte Seifen, Hobbythek, Kölner Verlag, 1987
Stangaciu/Hartenstein:	Sanft heilen mit Bienenprodukten, Karl F. Haug Verlag, 2000
Stückler, K.:	Met, Leopold Stocker Verlag, Graz 1998
Uccusic, P.:	Doktor Biene, Bienenprodukte – ihre Heilkraft und Anwendung in der Heilkunst, Ariston Verlag, Genf
Wade, C.:	Bienen Power, Ehrenwirth Verlag, 1994